采油工安全生产标准化操作丛书

中国石油人事部
中国石油勘探与生产分公司 编

注水井生产故障分析与处理 1

注水井井口装置渗漏故障及处理

石油工業出版社

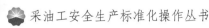

图书在版编目（CIP）数据

注水井生产故障分析与处理 / 中国石油人事部，中国石油勘探与生产分公司编 .—北京：石油工业出版社，2019.5

（采油工安全生产标准化操作丛书）

ISBN 978-7-5183-3245-8

Ⅰ. ①注…　Ⅱ. ①中…　②中…　Ⅲ. ①注水井管理 - 技术操作规程　Ⅳ. ① TE357.6-65

中国版本图书馆 CIP 数据核字（2019）第 049825 号

出版发行：石油工业出版社
（北京安定门外安华里 2 区 1 号楼 100011）
网　址：www.petropub.com
编辑部：（010）64210387
图书营销中心：（010）64523633
经　　销：全国新华书店
印　　刷：北京中石油彩色印刷有限责任公司

2019 年 5 月第 1 版　2019 年 5 月第 1 次印刷
880 × 1230 毫米　开本：1/64　印张：8.8125
字数：130 千字

定价：165.00 元（全 11 册）
（如出现印装质量问题，我社图书营销中心负责调换）

《采油工安全生产标准化操作丛书》
编　委　会

《注水井生产故障分析与处理1 注水井井口装置渗漏故障及处理》

编 委 会

主　编：吴　奇

副主编：白丽君　史崇洋　由东浩

委　员：吴文君　董敬宁　李雪莲

张春超　贾贺童　丁洪涛

生凤英　李　贺　邹洪刚

吕庆东　韩旭龙　张云辉

胡胜杰　张　衡　郑海峰

开发单位

中国石油天然气股份有限公司勘探与生产分公司

大庆油田有限责任公司人事部(党委组织部)

大庆油田有限责任公司开发部

大庆油田有限责任公司质量安全环保部

大庆油田有限责任公司第二采油厂

大庆油田有限责任公司第四采油厂

大庆油田有限责任公司第六采油厂

大庆油田有限责任公司文化集团

大庆油田有限责任公司人才开发院

大庆油田有限责任公司大庆医学高等专科学校

合作单位

长庆油田分公司

辽河油田分公司

新疆油田分公司

大港油田分公司

华北油田分公司

石油工业出版社

FOREWORD 序

“求木之长者，必固其根本；欲流之远者，必浚其泉源。”2017年，党中央、国务院印发了《新时期产业工人队伍建设改革方案》，明确指出，产业工人是工人阶级中发挥支撑作用的主体力量，是创造社会财富的中坚力量，是创新驱动发展的骨干力量，是实施制造强国战略的有生力量。同时提出，要造就一支有理想守信念、懂技术会创新、敢担当讲奉献的宏大的产业工人队伍。这充分体现了党和国家对产业工人队伍建设的关心支持。

中国石油牢固树立以人为本、质量至上、安全第一、环保优先的理念，坚持施行标准化操作作为保证安全生产、深化精细管理、实现

企业内涵发展的重要支撑。中国石油将提升员工技能水平作为抓好产业工人队伍建设的主攻方向，把标准化操作固化成基层单位和干部职工尤其是新员工的行为准则和工作标准，牢固树立“上标准岗、干标准活”的工作意识和理念，形成人人讲安全、人人会安全、人人都安全的良好局面。

守正笃实，久久为功。提升员工技能操作水平是一项长期而艰巨的任务，完善标准是基础，加强领导是保障，优化执行是根本。这需要大家积极推广标准化操作工作，不断加强和改进操作流程与标准，不断规范与完善标准化操作，引导广大员工全面提升对标准化操作的认知度，全面提升标准化操作执行力，规范本质化安全行为，推进各项工作上水平。

中国石油人事部和中国石油勘探与生产分公司共同组织编写的《采油工安全生产标准化

操作丛书》及配套的视频课件，包含中国石油各油气田单位通用性的140个基本操作，具有开发标准高、内容全面、注重安全风险、应用范围广、培训效果突出等方面优点。相对应的视频课件利用三维动画技术，通过分解、剖切等方式展示常规不可见的设备内部结构，让员工学习起来更加直观，是一套“看得懂、学得会、易掌握”的实用教材，真正做到了将“技术有形化”，填补了中国石油安全生产操作培训课件方面的空白，为进一步提升操作员工整体素质提供有力支撑。

目前，跨国公司员工培训已经进入了“互联网+培训”的员工混合式培训阶段，以多终端应用设备为载体，展现多种资源，结合线下培训和社区化学习模式，以网络化应用进行培训评估，实现可规划路径的人才发展优化培训。这套丛书从生产实际出发，以满足需求为导向，

以促进员工养成标准化操作习惯为目标，实践性和针对性都很强。同时，大批专家的参与写作使教材的权威性有了保证。丛书配套的视频课件可以满足石油员工远程移动学习，也可以满足员工单机高清自学和集中学习。这样就形成了三位一体的员工培训模式，逐步迈入员工混合式培训阶段。希望这套丛书的出版发行，能为促进中国石油员工培训工作的深入开展，为促进员工操作技能水平的不断提升，为推动油气主业高质量发展，为实现中国石油建成世界一流综合性国际能源公司作出积极贡献。

中国石油天然气集团有限公司
总经理助理、人事部总经理
刘志华

PREFACE 前言

采油工是油田企业主体关键工种之一，在中国石油操作类员工中占比较大，采油工技能水平的高低，对油田的安全平稳生产起到至关重要的作用。为进一步提高采油工的基本素质和业务技能水平，中国石油人事部和中国石油勘探与生产分公司于2016年联合启动了采油工安全生产标准化操作视频培训课件开发项目，成立了课件编委会，委托大庆油田公司负责课件具体编制工作，并确定长庆、辽河、新疆、大港、华北5家油田公司和石油工业出版社，共同配合大庆油田做好视频培训课件编制工作。

课件开发过程中，大庆油田高度重视，按照“实际、实用、实效”的原则，专门成立了

课件开发工作领导组，组织公司人事部、开发部、安全环保部、第二采油厂、第四采油厂等9个部门和二级单位共同参与，共计抽调了100余名专家参与项目的研发设计。勘探与生产分公司加强过程监督和质量把控，针对开发方案、课件脚本、制作标准、课件样片等内容，按照不同工作节点先后组织三次大的集中审核会议，邀请中国石油各油田行业专家建言献策，为提高课件的通用性和实用性奠定坚实基础。大庆油田按照总体工作要求，历时两年，完成了视频培训课件的编制任务，并同步完成《采油工安全生产标准化操作丛书》的编写工作。本套丛书紧贴油田生产实际，以采油工岗位职责为依据，包含《安全防护用具使用》《工具、用具、量具使用》《采油工艺简介》《抽油机井标准化操作》《电动潜油泵井标准化操作》《电动螺杆泵井标准化操作》《注水井标准化操作》

《计量间标准化操作》《抽油机井生产故障分析与处理》《电动潜油泵井生产故障分析与处理》《电动螺杆泵井生产故障分析与处理》《注水井生产故障分析与处理》《计量间生产故障分析与处理》《现场应急救护》，共14种140个分册。本套丛书具有突出的实用性和规范性特点，可广泛用于新员工岗前培训、日常岗位练兵、鉴定考前培训、师徒帮带、技能竞赛等学习培训活动。

希望本套丛书能够为各石油企业提供借鉴，为今后采油工岗位培训的扎实有效开展提供有力保障。由于各油田在采油工艺、设备等方面存在差异性，书中难免有不足之处，敬请读者批评指正。

编者

2018年8月

CONTENTS 目录

故障现象

注水井在正常生产时，井口装置应无渗漏。井口装置出现渗漏时，会影响注水井正常注水，且造成环境污染并带来安全隐患。

故障现象
井口装置出现渗漏时，会影响注水井正常注水

故障现象
且造成环境污染并带来安全隐患

故障原因

（1）阀门由于长时间使用磨损，造成阀门压盖密封圈损坏，使阀门压盖处漏水或阀杆密封圈损坏，导致阀门阀杆处漏水。

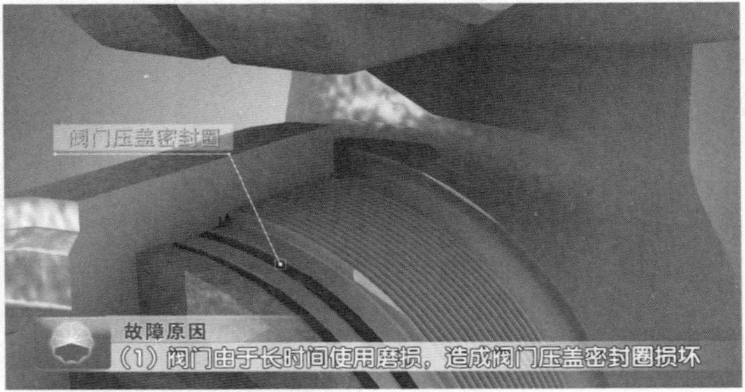

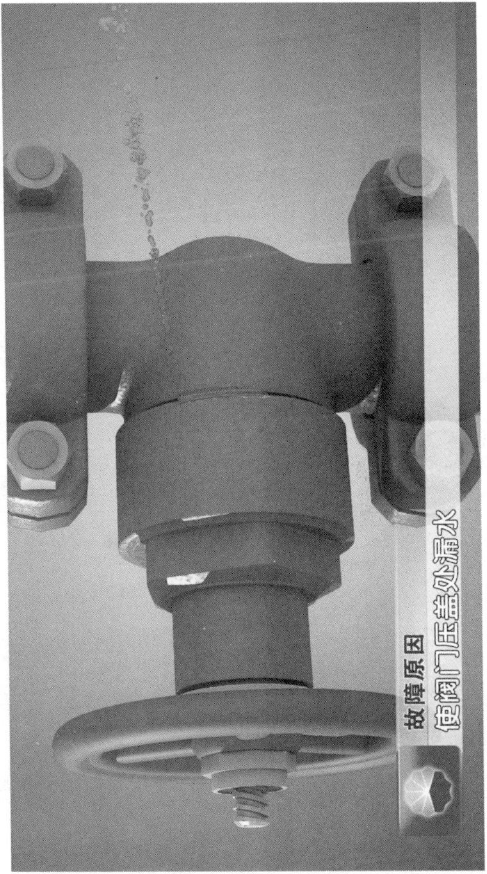
故障原因
使阀门压盖处漏水

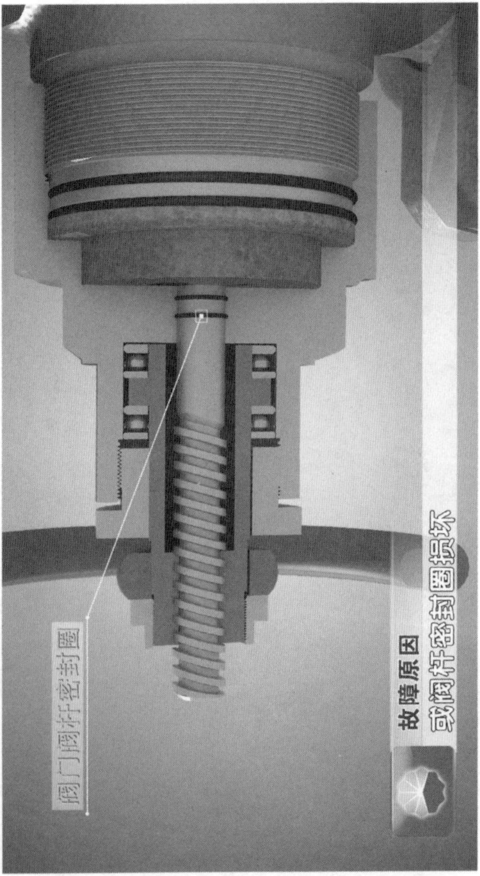
阀门阀杆密封圈
故障原因
或阀杆密封圈损坏

故障原因
导致阀门阀杆处漏水

（2）注水井在生产时，卡箍密封钢圈损伤或螺栓紧固时受力不均匀，造成卡箍处渗漏。

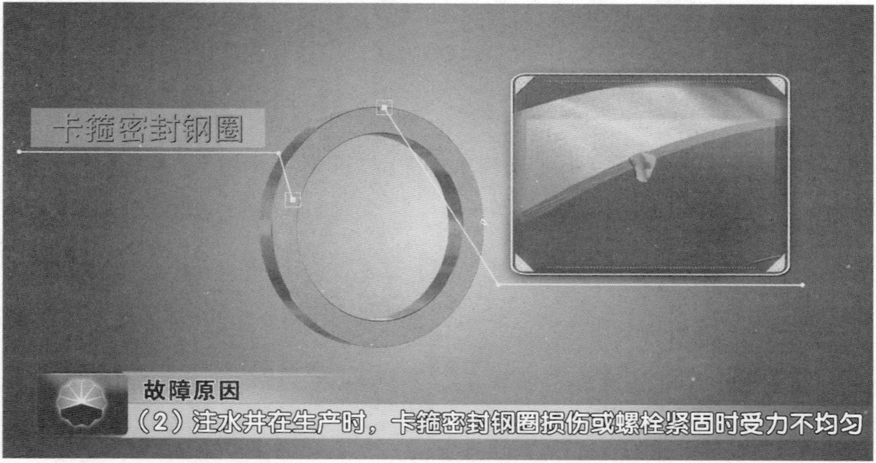
卡箍密封钢圈
故障原因
（2）注水井在生产时，卡箍密封钢圈损伤或螺栓紧固时受力不均匀

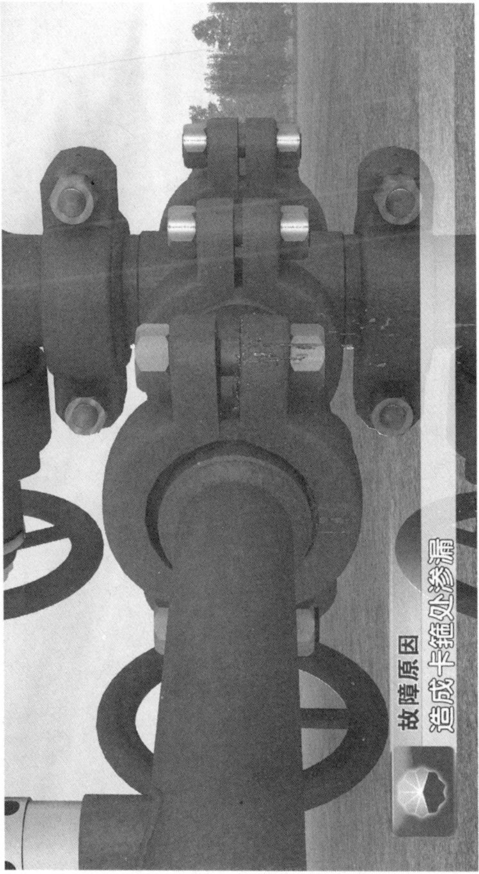
故障原因
造成卡箍处渗漏

（3）注水井套管四通上法兰密封钢圈未安装好，或者法兰螺栓未均匀紧固，使套管四通上法兰处渗漏。

故障原因
（3）注水井套管四通上法兰密封钢圈未安装好

故障原因
（3）注水井套管四通上法兰密封钢圈未安装好

故障原因
或者法兰螺栓未均匀紧固

故障原因
使套管四通上法兰处渗漏

（4）由于管线腐蚀穿孔，高压水从管线中刺出。

故障原因
高压水从管线中刺出

（5）使用中测试阀门、放空阀门闸板与阀体密封圈不能严密接触，有水从阀门漏出，或闸板有缺口导致阀门关闭不严，有水从阀门刺出。

测试阀门
故障原因
（5）使用中测试阀门、放空阀门闸板与阀体密封圈不能严密接触

故障原因
有水从阀门漏出

放空阀门
故障原因
或闸板有缺口导致阀门关闭不严

故障原因
有水从阀门刺出

（6）井口取压装置密封圈损坏或取压装置安装不密封，造成渗漏。

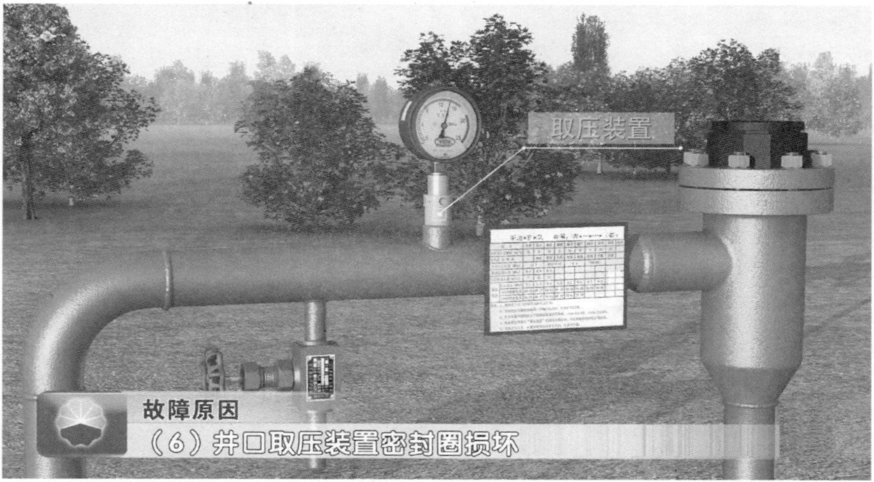
取压装置
故障原因
（6）井口取压装置密封圈损坏

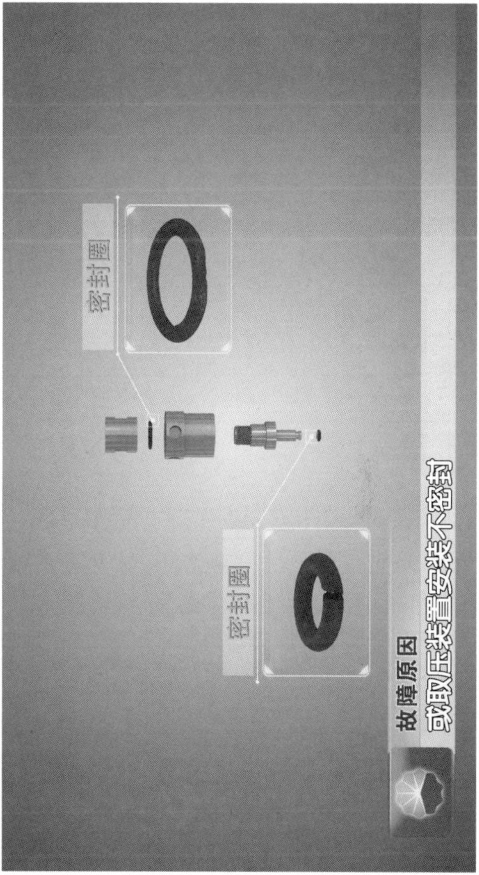
密封圈
密封圈
故障原因
或取压装置安装不密封

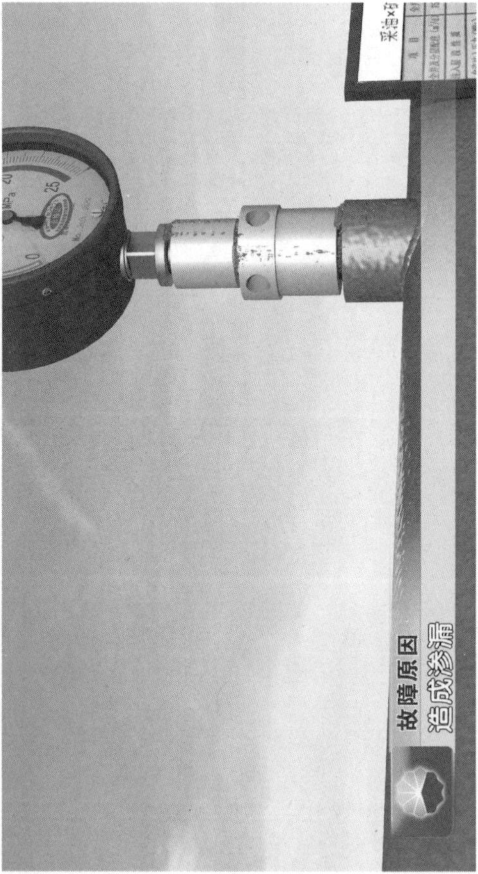
故障原因
造成渗漏

（7）油管悬挂器顶丝密封圈损坏或未压紧，导致油管悬挂器顶丝渗漏。

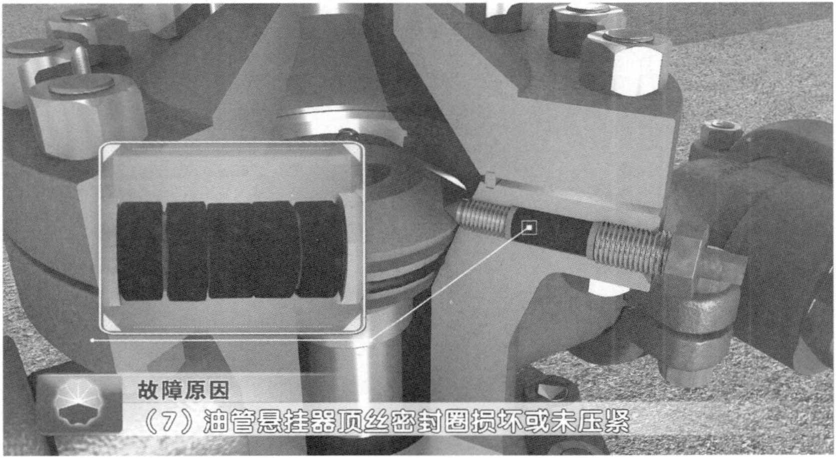
故障原因
（7）油管悬挂器顶丝密封圈损坏或未压紧

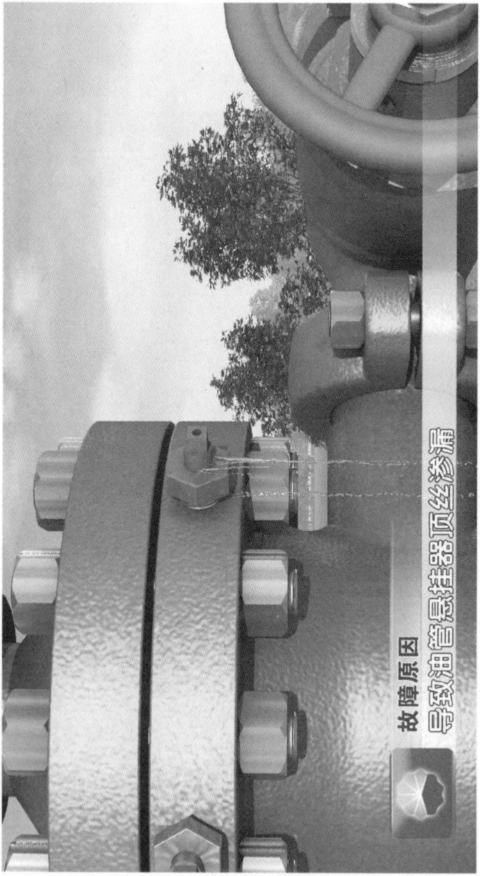
故障原因
导致油管悬挂器顶丝渗漏

处理方法

注水井处理故障时，应先进行倒流程、泄压，方可操作。

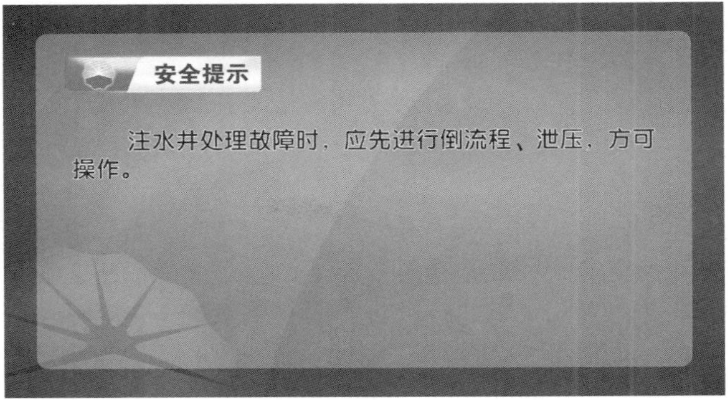
安全提示
注水井处理故障时，应先进行倒流程、泄压，方可操作。

（1）当阀门压盖密封圈损坏时，要及时更换阀门压盖密封圈。当阀杆密封圈损坏时，应及时更换阀杆密封圈。

处理方法
（1）当阀门压盖密封圈损坏时，要及时更换阀门压盖密封圈

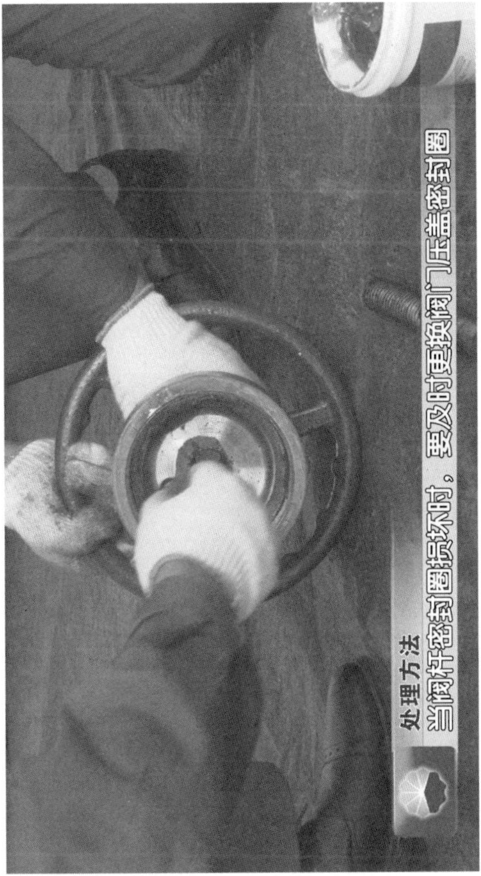
处理方法
当阀杆密封圈损坏时，要及时更换阀门压盖密封圈

（2）当卡箍钢圈损伤造成渗漏时，更换卡箍钢圈，紧固卡箍螺栓时应对称紧固。

处理方法
（2）当卡箍钢圈损伤造成渗漏时，更换卡箍钢圈

处理方法
紧固卡箍螺栓时应对称紧固

（3）发现套管四通上法兰钢圈密封处渗水，正确倒流程，油管、套管压力放净后，重新安装法兰钢圈，均匀对称紧固法兰螺栓。

处理方法
（3）发现套管四通上法兰钢圈密封处渗水，正确倒流程

处理方法
油管、套管压力放净后

处理方法
重新安装法兰钢圈

处理方法
均匀对称紧固法兰螺栓

（4）注水井井口管线出现穿孔后，要及时对管线进行补焊或更换。

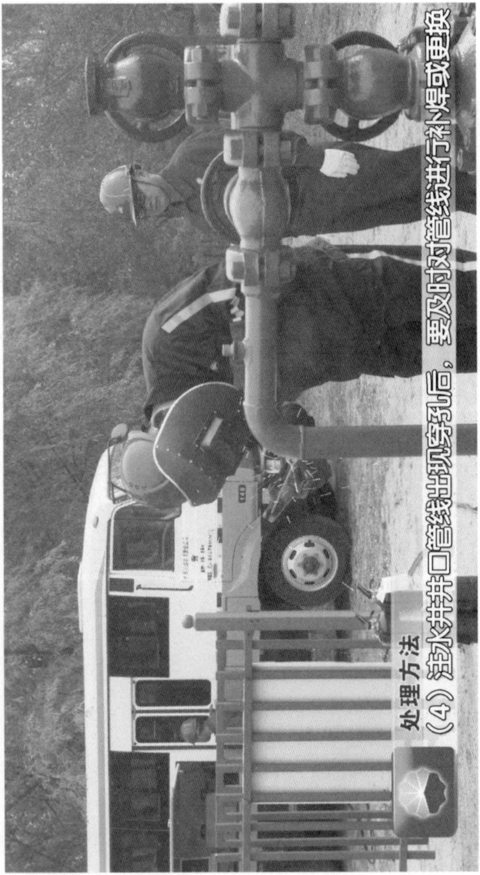
处理方法
（4）注水井井口管线出现穿孔后，要及时对管线进行补焊或更换

（5）当阀门损坏漏水要及时维修、更换阀门。

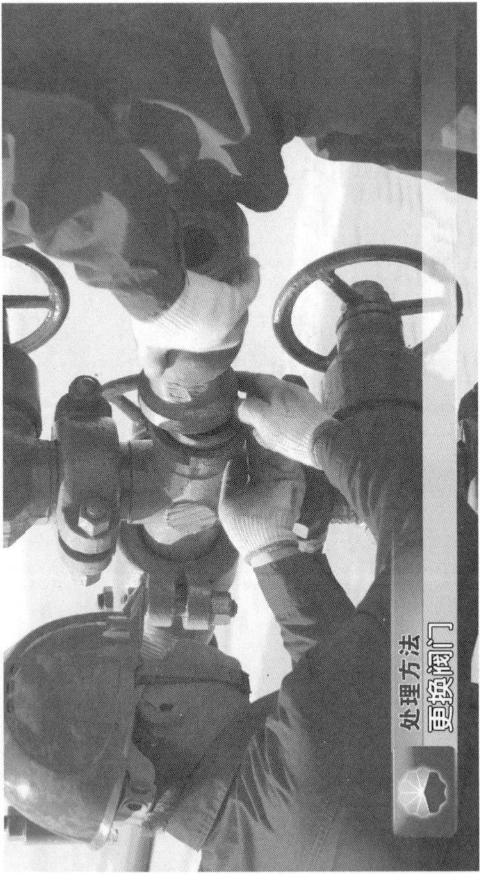
处理方法
更换阀门

（6）井口取压装置密封圈损坏应及时更换密封圈，正确安装取压装置。

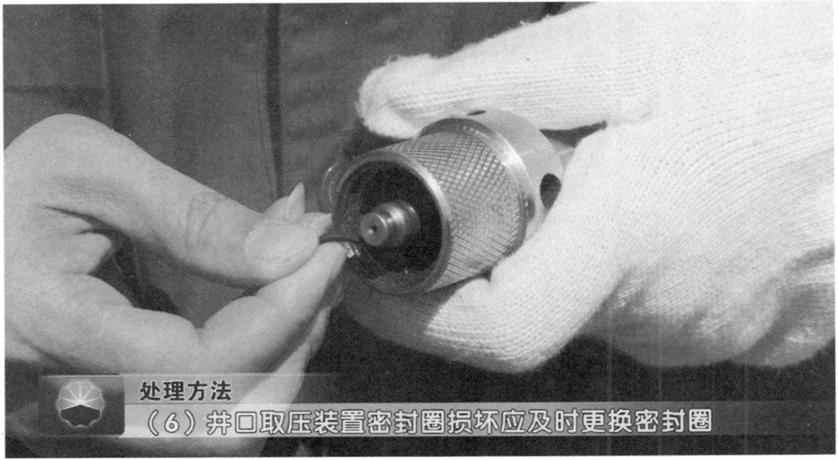

处理方法
（6）井口取压装置密封圈损坏应及时更换密封圈

处理方法
正确安装取压装置

（7）油管悬挂器顶丝渗漏时，将油管、套管压力放净后，取下损坏密封圈，安装新密封圈，上紧压帽。

处理方法
（7）油管悬挂器顶丝渗漏时，将油管、套管压力放净后

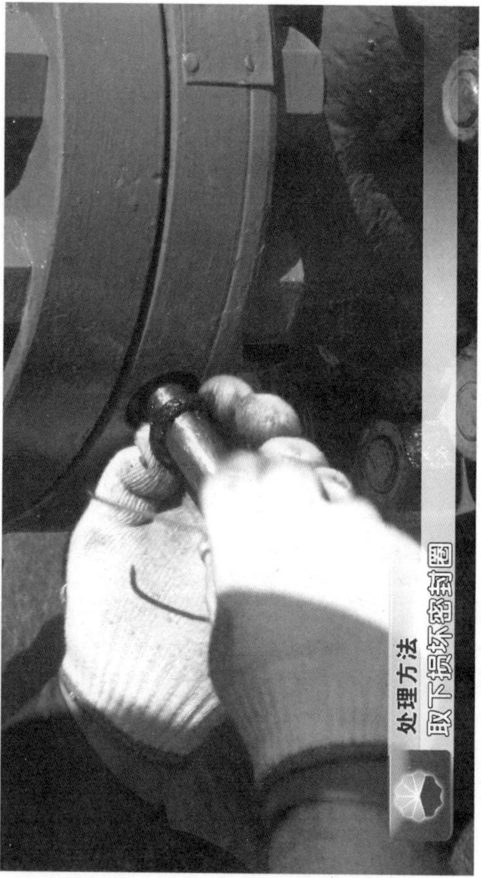
处理方法
取下损坏密封圈

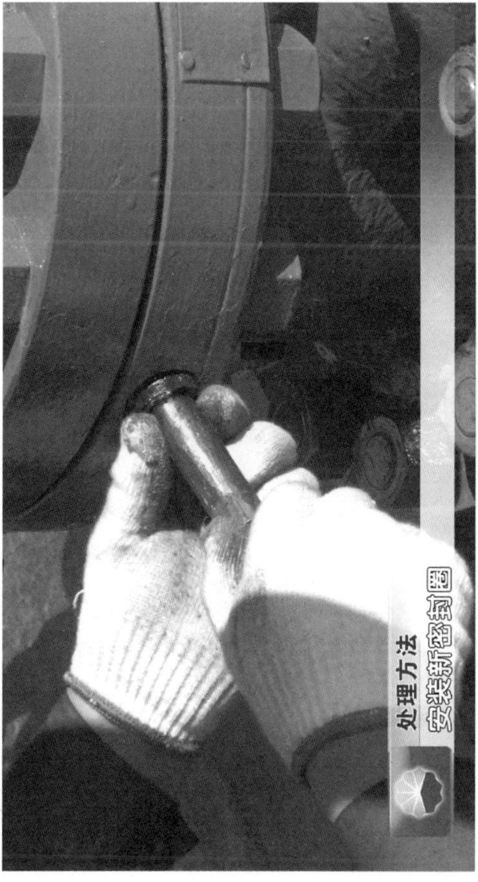
处理方法
安装新密封圈

处理方法
上紧压帽

试　题

一、选择题（不限单选）

1. 注水井在生产时，（　）损伤或螺栓紧固时受力不均匀，易造成渗漏。

A. 阀门轴承　　B. 卡箍密封钢圈

C. 阀门闸板　　D. 轴承压盖

2. 注水井法兰密封钢圈未安装好或（　）未均匀紧固，导致法兰处渗漏。

A. 卡箍螺栓　　B. 法兰钢圈

C. 法兰螺栓　　D. 卡箍钢圈

3. 注水井测试阀门、放空阀门闸板与（　）不能严密接触，有水从阀门漏出，导致阀门渗漏。

A. 阀体　　B. 阀体密封圈

C. 卡箍　　D. 卡箍密封圈

4. 注水井注水时发现套管四通法兰钢圈密

封处渗水，正确倒流程，（ ）放净后，重新安装法兰钢圈，均匀对称紧固法兰螺栓。

A. 油管压力　　B. 干线压力

C. 井口压力　　D. 油管、套管压力

5. 注水井阀门由于长时间使用，（ ）磨损，导致阀门阀杆处漏水。

A. 卡箍钢圈　　B. 阀门手轮

C. 阀杆密封圈　　D. 阀门铜套子

二、判断题

1. 注水井井口取压装置密封圈损坏或取压装置安装不密封，取压时出现渗漏，造成取压值偏高。（ ）

2. 注水井井口装置出现渗漏，会影响正常注水，且造成环境污染并带来安全隐患。（ ）

3. 注水井处理油管悬挂器顶丝渗漏故障时，应先进行倒流程、泄压，方可操作。（ ）

4. 注水井当卡箍钢圈损伤造成渗漏要及时更换，紧固卡箍螺栓时应依次紧固。（ ）

试题参考答案

一、选择题

题号	1	2	3	4	5
答案	B	C	B	D	C

二、判断题

题号	1	2	3	4
答案	×	√	√	×

《注水井生产故障分析与处理》

分册序号	分册书名
1	注水井井口装置渗漏故障及处理
2	注水井水表表芯停走故障及处理
3	注水井管线穿孔故障及处理
4	注水井油压升高故障及处理
5	注水井油压下降故障及处理
6	分层注水井油压、套压平衡故障及处理
7	注水井注水量上升故障及处理
8	注水井注水量下降故障及处理
9	注水井洗井不通故障及处理
10	注水井水表转动异常故障及处理
11	注水井取样阀门打不开故障及处理

采油工安全生产标准化操作丛书

中国石油人事部
中国石油勘探与生产分公司 编

注水井生产故障分析与处理 2

注水井水表表芯停走故障及处理

石油工業出版社

图书在版编目（CIP）数据

注水井生产故障分析与处理 / 中国石油人事部，中国石油勘探与生产分公司编 .—北京：石油工业出版社，2019.5

（采油工安全生产标准化操作丛书）

ISBN 978-7-5183-3245-8

Ⅰ.①注…　Ⅱ.①中…　②中…　Ⅲ.①注水井管理－技术操作规程　Ⅳ.① TE357.6-65

中国版本图书馆 CIP 数据核字（2019）第 049825 号

出版发行：石油工业出版社
（北京安定门外安华里 2 区 1 号楼 100011）
网　址：www.petropub.com
编辑部：（010）64210387
图书营销中心：（010）64523633
经　　销：全国新华书店
印　　刷：北京中石油彩色印刷有限责任公司

2019 年 5 月第 1 版　2019 年 5 月第 1 次印刷
880×1230 毫米　开本：1/64　印张：8.8125
字数：130 千字

定价：165.00 元（全 11 册）
（如出现印装质量问题，我社图书营销中心负责调换）

《采油工安全生产标准化操作丛书》
编 委 会

《注水井生产故障分析与处理 2 注水井水表表芯停走故障及处理》

编　委　会

主　编：吴　奇

副主编：李　静　王鹏飞　缪　辉

委　员：吴文君　董敬宁　李雪莲

张春超　白丽君　丁洪涛

生凤英　程　亮　邹宏刚

吕庆东　韩旭龙　张云辉

胡胜杰　王大一　王冬艳

开发单位

中国石油天然气股份有限公司勘探与生产分公司

大庆油田有限责任公司人事部（党委组织部）

大庆油田有限责任公司开发部

大庆油田有限责任公司质量安全环保部

大庆油田有限责任公司第二采油厂

大庆油田有限责任公司第四采油厂

大庆油田有限责任公司第六采油厂

大庆油田有限责任公司文化集团

大庆油田有限责任公司人才开发院

大庆油田有限责任公司大庆医学高等专科学校

合作单位

长庆油田分公司

辽河油田分公司

新疆油田分公司

大港油田分公司

华北油田分公司

石油工业出版社

FOREWORD 序

“求木之长者，必固其根本；欲流之远者，必浚其泉源。”2017年，党中央、国务院印发了《新时期产业工人队伍建设改革方案》，明确指出，产业工人是工人阶级中发挥支撑作用的主体力量，是创造社会财富的中坚力量，是创新驱动发展的骨干力量，是实施制造强国战略的有生力量。同时提出，要造就一支有理想守信念、懂技术会创新、敢担当讲奉献的宏大的产业工人队伍。这充分体现了党和国家对产业工人队伍建设的关心支持。

中国石油牢固树立以人为本、质量至上、安全第一、环保优先的理念，坚持施行标准化操作作为保证安全生产、深化精细管理、实现

企业内涵发展的重要支撑。中国石油将提升员工技能水平作为抓好产业工人队伍建设的主攻方向，把标准化操作固化成基层单位和干部职工尤其是新员工的行为准则和工作标准，牢固树立“上标准岗、干标准活”的工作意识和理念，形成人人讲安全、人人会安全、人人都安全的良好局面。

守正笃实，久久为功。提升员工技能操作水平是一项长期而艰巨的任务，完善标准是基础，加强领导是保障，优化执行是根本。这需要大家积极推广标准化操作工作，不断加强和改进操作流程与标准，不断规范与完善标准化操作，引导广大员工全面提升对标准化操作的认知度，全面提升标准化操作执行力，规范本质化安全行为，推进各项工作上水平。

中国石油人事部和中国石油勘探与生产分公司共同组织编写的《采油工安全生产标准化

操作丛书》及配套的视频课件，包含中国石油各油气田单位通用性的140个基本操作，具有开发标准高、内容全面、注重安全风险、应用范围广、培训效果突出等方面优点。相对应的视频课件利用三维动画技术，通过分解、剖切等方式展示常规不可见的设备内部结构，让员工学习起来更加直观，是一套“看得懂、学得会、易掌握”的实用教材，真正做到了将“技术有形化”，填补了中国石油安全生产操作培训课件方面的空白，为进一步提升操作员工整体素质提供有力支撑。

目前，跨国公司员工培训已经进入了“互联网+培训”的员工混合式培训阶段，以多终端应用设备为载体，展现多种资源，结合线下培训和社区化学习模式，以网络化应用进行培训评估，实现可规划路径的人才发展优化培训。这套丛书从生产实际出发，以满足需求为导向，

以促进员工养成标准化操作习惯为目标，实践性和针对性都很强。同时，大批专家的参与写作使教材的权威性有了保证。丛书配套的视频课件可以满足石油员工远程移动学习，也可以满足员工单机高清自学和集中学习。这样就形成了三位一体的员工培训模式，逐步迈入员工混合式培训阶段。希望这套丛书的出版发行，能为促进中国石油员工培训工作的深入开展，为促进员工操作技能水平的不断提升，为推动油气主业高质量发展，为实现中国石油建成世界一流综合性国际能源公司作出积极贡献。

中国石油天然气集团有限公司
总经理助理、人事部总经理　刘志华

PREFACE 前言

采油工是油田企业主体关键工种之一，在中国石油操作类员工中占比较大，采油工技能水平的高低，对油田的安全平稳生产起到至关重要的作用。为进一步提高采油工的基本素质和业务技能水平，中国石油人事部和中国石油勘探与生产分公司于2016年联合启动了采油工安全生产标准化操作视频培训课件开发项目，成立了课件编委会，委托大庆油田公司负责课件具体编制工作，并确定长庆、辽河、新疆、大港、华北5家油田公司和石油工业出版社，共同配合大庆油田做好视频培训课件编制工作。

课件开发过程中，大庆油田高度重视，按照“实际、实用、实效”的原则，专门成立了

课件开发工作领导组，组织公司人事部、开发部、安全环保部、第二采油厂、第四采油厂等9个部门和二级单位共同参与，共计抽调了100余名专家参与项目的研发设计。勘探与生产分公司加强过程监督和质量把控,针对开发方案、课件脚本、制作标准、课件样片等内容，按照不同工作节点先后组织三次大的集中审核会议，邀请中国石油各油田行业专家建言献策，为提高课件的通用性和实用性奠定坚实基础。大庆油田按照总体工作要求，历时两年，完成了视频培训课件的编制任务，并同步完成《采油工安全生产标准化操作丛书》的编写工作。本套丛书紧贴油田生产实际，以采油工岗位职责为依据，包含《安全防护用具使用》《工具、用具、量具使用》《采油工艺简介》《抽油机井标准化操作》《电动潜油泵井标准化操作》《电动螺杆泵井标准化操作》《注水井标准化操作》

《计量间标准化操作》《抽油机井生产故障分析与处理》《电动潜油泵井生产故障分析与处理》《电动螺杆泵井生产故障分析与处理》《注水井生产故障分析与处理》《计量间生产故障分析与处理》《现场应急救护》，共 14 种 140 个分册。本套丛书具有突出的实用性和规范性特点,可广泛用于新员工岗前培训、日常岗位练兵、鉴定考前培训、师徒帮带、技能竞赛等学习培训活动。

希望本套丛书能够为各石油企业提供借鉴，为今后采油工岗位培训的扎实有效开展提供有力保障。由于各油田在采油工艺、设备等方面存在差异性，书中难免有不足之处，敬请读者批评指正。

编者

2018 年 8 月

CONTENTS 目录

故障现象

注水井在正常注水过程中，水表表芯应匀速运转，准确反映注水量的多少。当水表表芯出现停走故障时，无法反映注水井实际注水量。

LGZ-50X-KL型水表
故障现象
水表表芯应匀速运转

故障现象
准确反映注水量的多少
LGZ-50X-KL
智能数显高压水表
02.38 m³/h
1423.6245 m³

故障现象
当水表表芯出现停走故障时

故障现象
无法反映注水井实际注水量
LGZ-50X-KL
智能数显高压水表
00.00 m³/h
1423.6283 m³

故障原因

（1）新投产注水井管线内未充满水或操作不稳，水表叶轮受冲击而损坏，注水井正常注水后，计数器不计数。

注水上流阀门
故障原因
（1）新投产注水井管线内未充满水或操作不稳

LGZ-50X-KL
智能数显高压水表
00.00 m³/h
0001.4678 m³
故障原因
水表叶轮受冲击而损坏

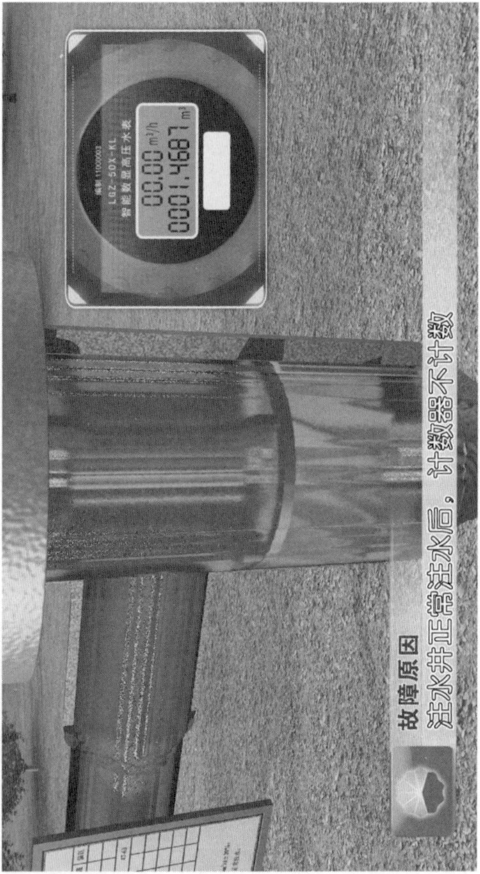
LGZ-50X-KL
智能数显高压水表
00.00 m³/h
0001.4687 m³
故障原因
注水井正常注水后，计数器不计数

（2）注水井安装水表表芯时，表芯与水表壳体高度尺寸不符，压盖将表芯压坏，使注水井水表出现停走现象。

故障原因
表芯与水表壳体高度尺寸不符

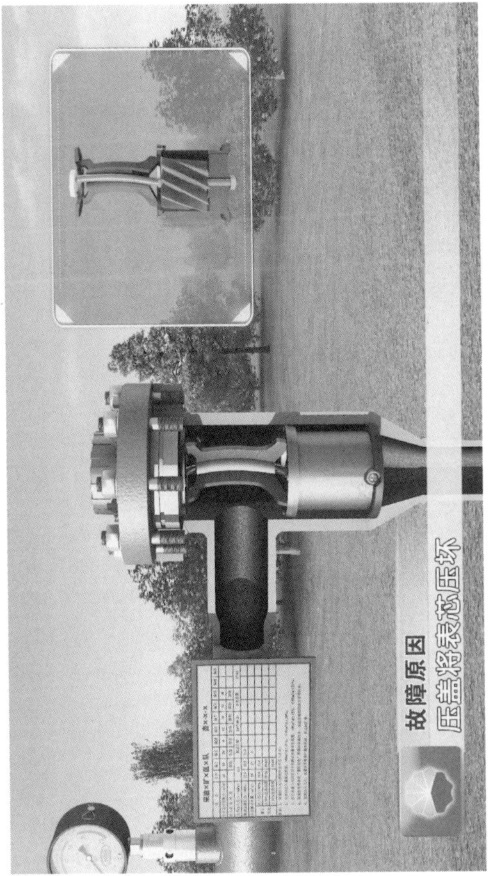
故障原因
压盖将表芯压坏

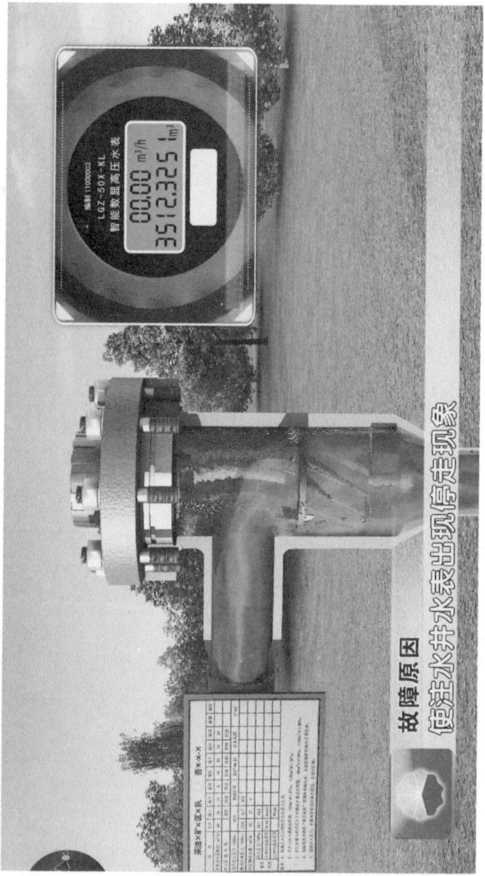
LGZ-50X-KL
智能数显高压水表
00.00 m³/h
3512.325 m³
故障原因
使注水井水表出现停走现象

（3）由于注入水水质问题，硬物卡住叶轮，导致叶轮不转，计数器不计数。

编制 11000003
LGZ-50X-KL
智能数显高压水表
00.00 m³/h
2351.4668 m³
故障原因
硬物卡住叶轮，导致叶轮不转，计数器不计数

（4）水表在长期使用过程中，叶轮顶尖和轴套磨损严重，导致转动时不同心，叶轮被叶轮壳卡住，水表出现停走现象。

故障原因
（4）水表在长期使用过程中，叶轮顶尖和轴套磨损严重

故障原因
导致转动时不同心，叶轮被叶轮壳卡住，水表出现停走现象

处理方法

（1）注水井倒流程时，应平稳操作，使管线充满水后，再逐步开大，避免水表叶轮受冲击而损坏。安装水表时，要选择与水表壳体高度相符的水表。

处理方法
（1）注水井倒流程时，应平稳操作

处理方法
使管线充满水后，再逐步开大

处理方法
避免水表叶轮受冲击而损坏

处理方法
安装水表时，要选择与水表壳体高度相符的水表

（2）当水表表芯被硬物卡住时，应先倒流程、泄压后，再拆卸水表，清除硬物，清洗水表芯体。

处理方法
应先倒流程、泄压后，再拆卸水表

处理方法
清除硬物，清洗水表芯体

（3）当发现水表表芯损坏或叶轮顶尖、轴套磨损严重时，按操作规程及时更换水表。

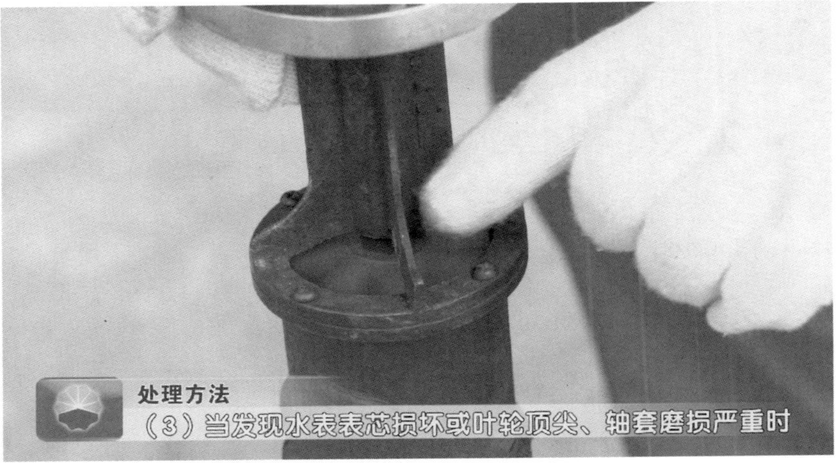
处理方法
（3）当发现水表表芯损坏或叶轮顶尖、轴套磨损严重时

处理方法
按操作规程及时更换水表

试　题

一、选择题（不限单选）

1. 注水井在正常注水过程中，水表（　）应匀速运转，准确反映注水量。

A. 壳体　　B. 顶针

C. 表芯　　D. 调节板

2. 当注水井水表表芯出现停走故障时，无法反映注水井（　）。

A. 注水压力　　B. 实际注水量

C. 分层压力　　D. 分层注水量

3. 新投产注水井管线内未充满水或操作不稳，（　）受冲击而损坏，注水井正常注水后，计数器不计数。

A. 水表壳体　　B. 水表叶轮

C. 计数器　　D. 调节板

4. 注水井由于注入水水质问题，硬物卡住（　），导致其不转，计数器不计数。

A. 计数器　　B. 减速机构

C. 磁钢　　D. 叶轮

5. 注水井水表在长期使用过程中叶轮顶尖和（　）磨损严重，导致转动时不同心，水表出现停走现象。

A. 叶轮　　B. 磁钢

C. 轴套　　D. 水表壳

二、判断题

1. 注水井安装水表表芯时，表芯与水表壳体高度尺寸一致，表头将表芯压坏，使注水井水表出现停走现象。（　）

2. 当注水井水表表芯被硬物卡住时，应先倒流程、泄压后，再拆卸水表，清除硬物，清洗水表表芯。（　）

3. 当发现注水井水表表芯损坏或叶轮顶

尖、轴套磨损严重时，按操作规程及时更换水表。（ ）

4. 注水井倒流程时应平稳操作，使管线进液顺畅后，再逐步开大，避免水表受冲击而损坏。（ ）

试题参考答案

一、选择题

题号	1	2	3	4	5
答案	C	B	B	D	C

二、判断题

题号	1	2	3	4
答案	×	√	√	×

《注水井生产故障分析与处理》

分册序号	分册书名
1	注水井井口装置渗漏故障及处理
2	注水井水表表芯停走故障及处理
3	注水井管线穿孔故障及处理
4	注水井油压升高故障及处理
5	注水井油压下降故障及处理
6	分层注水井油压、套压平衡故障及处理
7	注水井注水量上升故障及处理
8	注水井注水量下降故障及处理
9	注水井洗井不通故障及处理
10	注水井水表转动异常故障及处理
11	注水井取样阀门打不开故障及处理

采油工安全生产标准化操作丛书

中国石油人事部
中国石油勘探与生产分公司 编

注水井生产故障分析与处理 3

注水井管线穿孔故障及处理

石油工业出版社

图书在版编目（CIP）数据

注水井生产故障分析与处理 / 中国石油人事部，中国石油勘探与生产分公司编 .—北京：石油工业出版社，2019.5

（采油工安全生产标准化操作丛书）

ISBN 978-7-5183-3245-8

Ⅰ. ①注… Ⅱ. ①中… ②中… Ⅲ. ①注水井管理 - 技术操作规程 Ⅳ. ① TE357.6-65

中国版本图书馆 CIP 数据核字（2019）第 049825 号

出版发行：石油工业出版社

（北京安定门外安华里 2 区 1 号楼 100011）

网　址：www.petropub.com

编辑部：（010）64210387

图书营销中心：（010）64523633

经　　销：全国新华书店

印　　刷：北京中石油彩色印刷有限责任公司

2019 年 5 月第 1 版　2019 年 5 月第 1 次印刷

880 × 1230 毫米　开本：1/64　印张：8.8125

字数：130 千字

定价：165.00 元（全 11 册）

（如出现印装质量问题，我社图书营销中心负责调换）

《采油工安全生产标准化操作丛书》

编　委　会

《注水井生产故障分析与处理 3 注水井管线穿孔故障及处理》

编 委 会

开发单位

中国石油天然气股份有限公司勘探与生产分公司

大庆油田有限责任公司人事部（党委组织部）

大庆油田有限责任公司开发部

大庆油田有限责任公司质量安全环保部

大庆油田有限责任公司第二采油厂

大庆油田有限责任公司第四采油厂

大庆油田有限责任公司第六采油厂

大庆油田有限责任公司文化集团

大庆油田有限责任公司人才开发院

大庆油田有限责任公司大庆医学高等专科学校

合作单位

长庆油田分公司

辽河油田分公司

新疆油田分公司

大港油田分公司

华北油田分公司

石油工业出版社

FOREWORD 序

“求木之长者，必固其根本；欲流之远者，必浚其泉源。”2017年，党中央、国务院印发了《新时期产业工人队伍建设改革方案》，明确指出，产业工人是工人阶级中发挥支撑作用的主体力量，是创造社会财富的中坚力量，是创新驱动发展的骨干力量，是实施制造强国战略的有生力量。同时提出，要造就一支有理想守信念、懂技术会创新、敢担当讲奉献的宏大的产业工人队伍。这充分体现了党和国家对产业工人队伍建设的关心支持。

中国石油牢固树立以人为本、质量至上、安全第一、环保优先的理念，坚持施行标准化操作作为保证安全生产、深化精细管理、实现

企业内涵发展的重要支撑。中国石油将提升员工技能水平作为抓好产业工人队伍建设的主攻方向，把标准化操作固化成基层单位和干部职工尤其是新员工的行为准则和工作标准，牢固树立“上标准岗、干标准活”的工作意识和理念，形成人人讲安全、人人会安全、人人都安全的良好局面。

守正笃实，久久为功。提升员工技能操作水平是一项长期而艰巨的任务，完善标准是基础，加强领导是保障，优化执行是根本。这需要大家积极推广标准化操作工作，不断加强和改进操作流程与标准，不断规范与完善标准化操作，引导广大员工全面提升对标准化操作的认知度，全面提升标准化操作执行力，规范本质化安全行为，推进各项工作上水平。

中国石油人事部和中国石油勘探与生产分公司共同组织编写的《采油工安全生产标准化

操作丛书》及配套的视频课件，包含中国石油各油气田单位通用性的140个基本操作，具有开发标准高、内容全面、注重安全风险、应用范围广、培训效果突出等方面优点。相对应的视频课件利用三维动画技术，通过分解、剖切等方式展示常规不可见的设备内部结构，让员工学习起来更加直观，是一套“看得懂、学得会、易掌握”的实用教材，真正做到了将“技术有形化”，填补了中国石油安全生产操作培训课件方面的空白，为进一步提升操作员工整体素质提供有力支撑。

目前，跨国公司员工培训已经进入了“互联网+培训”的员工混合式培训阶段，以多终端应用设备为载体，展现多种资源，结合线下培训和社区化学习模式，以网络化应用进行培训评估，实现可规划路径的人才发展优化培训。这套丛书从生产实际出发，以满足需求为导向，

以促进员工养成标准化操作习惯为目标，实践性和针对性都很强。同时，大批专家的参与写作使教材的权威性有了保证。丛书配套的视频课件可以满足石油员工远程移动学习，也可以满足员工单机高清自学和集中学习。这样就形成了三位一体的员工培训模式，逐步迈入员工混合式培训阶段。希望这套丛书的出版发行，能为促进中国石油员工培训工作的深入开展，为促进员工操作技能水平的不断提升，为推动油气主业高质量发展，为实现中国石油建成世界一流综合性国际能源公司作出积极贡献。

中国石油天然气集团有限公司
总经理助理、人事部总经理　刘志华

PREFACE 前言

采油工是油田企业主体关键工种之一，在中国石油操作类员工中占比较大，采油工技能水平的高低，对油田的安全平稳生产起到至关重要的作用。为进一步提高采油工的基本素质和业务技能水平，中国石油人事部和中国石油勘探与生产分公司于2016年联合启动了采油工安全生产标准化操作视频培训课件开发项目，成立了课件编委会，委托大庆油田公司负责课件具体编制工作，并确定长庆、辽河、新疆、大港、华北5家油田公司和石油工业出版社，共同配合大庆油田做好视频培训课件编制工作。

课件开发过程中，大庆油田高度重视，按照“实际、实用、实效”的原则，专门成立了

课件开发工作领导组，组织公司人事部、开发部、安全环保部、第二采油厂、第四采油厂等9个部门和二级单位共同参与，共计抽调了100余名专家参与项目的研发设计。勘探与生产分公司加强过程监督和质量把控，针对开发方案、课件脚本、制作标准、课件样片等内容，按照不同工作节点先后组织三次大的集中审核会议，邀请中国石油各油田行业专家建言献策，为提高课件的通用性和实用性奠定坚实基础。大庆油田按照总体工作要求，历时两年，完成了视频培训课件的编制任务，并同步完成《采油工安全生产标准化操作丛书》的编写工作。本套丛书紧贴油田生产实际，以采油工岗位职责为依据，包含《安全防护用具使用》《工具、用具、量具使用》《采油工艺简介》《抽油机井标准化操作》《电动潜油泵井标准化操作》《电动螺杆泵井标准化操作》《注水井标准化操作》

《计量间标准化操作》《抽油机井生产故障分析与处理》《电动潜油泵井生产故障分析与处理》《电动螺杆泵井生产故障分析与处理》《注水井生产故障分析与处理》《计量间生产故障分析与处理》《现场应急救护》，共 14 种 140 个分册。本套丛书具有突出的实用性和规范性特点,可广泛用于新员工岗前培训、日常岗位练兵、鉴定考前培训、师徒帮带、技能竞赛等学习培训活动。

希望本套丛书能够为各石油企业提供借鉴，为今后采油工岗位培训的扎实有效开展提供有力保障。由于各油田在采油工艺、设备等方面存在差异性，书中难免有不足之处，敬请读者批评指正。

编者

2018 年 8 月

CONTENTS 目录

故障现象

注水井正常注水时，设备、管线应处于完好状态。由于腐蚀、外力作用导致管线穿孔，造成注水井压力和水量发生变化，影响注水井正常注水。

故障现象
注水井正常注水时，设备、管线应处于完好状态

故障现象
由于腐蚀、外力作用导致管线穿孔

故障现象
造成注水井压力和水量发生变化，影响注水井正常注水

（1）当高压水从注水下流阀门以下流程管线中刺出，油压下降，水表流量增加。

注水下流阀门
故障现象
（1）当高压水从注水下流阀门以下流程管线中刺出

故障现象
油压下降，水表流量增加

（2）当高压水从注水上流阀门以上流程管线中刺出，泵压（注水站来水压力）下降，油压也相应下降、水表流量下降。

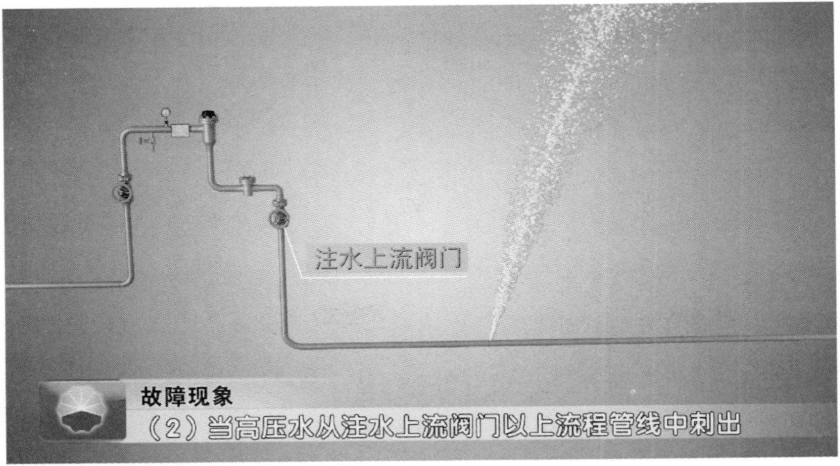
注水上流阀门
故障现象
（2）当高压水从注水上流阀门以上流程管线中刺出

泵压表
故障现象
泵压（注水站来水压力）下降

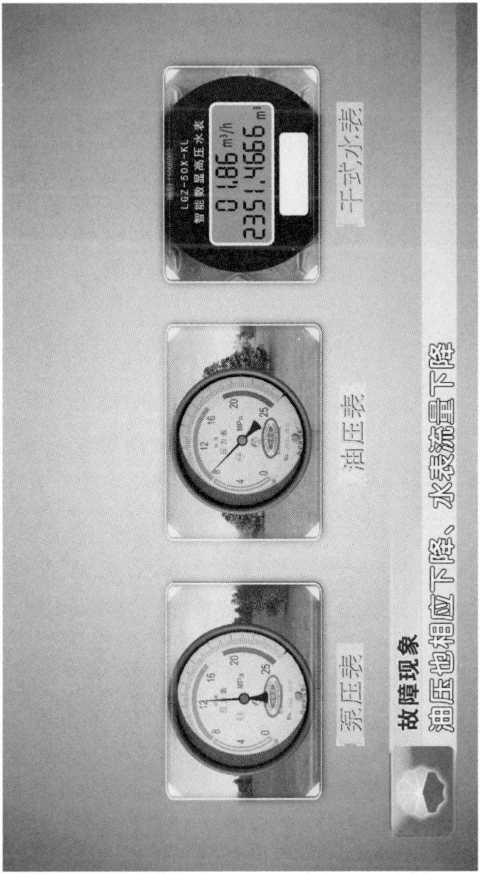
故障现象
油压也相应下降、水表流量下降
泵压表
油压表
干式水表
LGZ-50X-KL
智能数显高压水表

故障原因

（1）由于管线内流体介质具有腐蚀性物质，使管线受腐蚀造成砂眼和穿孔。

故障原因
（1）由于管线内流体介质具有腐蚀性物质

故障原因
使管线受腐蚀造成砂眼和穿孔

（2）由于施工中管线受损，或有重物碾压使注水管线受到损坏，导致高压水从受损处刺出。

故障原因
或有重物碾压使注水管线受到损坏

注水管线
故障原因
导致高压水从受损处刺出

处理方法

注水井处理管线穿孔故障时，应倒流程泄压后，补焊、修复穿孔管线，对于受损及腐蚀严重的管线要进行更换。

处理方法
注水井处理管线穿孔故障时，应倒流程泄压后

处理方法
补焊、修复穿孔管线

非工作人员禁止入内
处理方法
对于受损及腐蚀严重的管线要进行更换

试　题

一、选择题（不限单选）

1. 当注水井下流阀门以下流程管线穿孔，（　），水表流量增加。

A. 泵压上升　　B. 套压上升

C. 油压上升　　D. 油压下降

2. 当注水井上流阀门以上流程管线穿孔，泵压下降，油压也相应下降、水表流量（　）。

A. 增加　　B. 下降

C. 平稳　　D. 为零

3. 注水井由于管线内流体介质（　），使管线受腐蚀造成砂眼和穿孔。

A. 含油　　B. 含铁

C. 含腐蚀性物质　　D. 含气体

4. 注水井由于管线有砂眼造成的较小渗漏，

处理时（ ）。

A. 可在渗漏处打卡子封堵

B. 倒流程泄压后进行补焊

C. 倒流程泄压后铆接

D. 不需倒流程直接补焊

二、判断题

1. 注水井正常注水时，设备、管线应处于完好状态。由于外力作用导致管线穿孔，造成注水井压力和水量发生变化，影响注水井正常注水。（ ）

2. 由于施工中管线受损，或有重物碾压使注水管线受到损坏，导致高压水从受损处刺出。（ ）

3. 注水井处理管线穿孔故障时，应倒流程泄压后补焊、修复穿孔管线。（ ）

4. 注水井由于管线内流体介质具有抗腐蚀性物质，使管线受腐蚀造成砂眼和穿孔。（ ）

试题参考答案

一、选择题

题号	1	2	3	4
答案	D	B	C	B

二、判断题

题号	1	2	3	4
答案	√	√	√	×

《注水井生产故障分析与处理》

分册序号	分册书名
1	注水井井口装置渗漏故障及处理
2	注水井水表表芯停走故障及处理
3	注水井管线穿孔故障及处理
4	注水井油压升高故障及处理
5	注水井油压下降故障及处理
6	分层注水井油压、套压平衡故障及处理
7	注水井注水量上升故障及处理
8	注水井注水量下降故障及处理
9	注水井洗井不通故障及处理
10	注水井水表转动异常故障及处理
11	注水井取样阀门打不开故障及处理

采油工安全生产标准化操作丛书

中国石油人事部
中国石油勘探与生产分公司
编

注水井生产故障分析与处理 4

注水井油压升高故障及处理

石油工業出版社

图书在版编目（CIP）数据

注水井生产故障分析与处理 / 中国石油人事部，中国石油勘探与生产分公司编 .—北京：石油工业出版社，2019.5

（采油工安全生产标准化操作丛书）

ISBN 978-7-5183-3245-8

Ⅰ.①注…　Ⅱ.①中…　②中…　Ⅲ.①注水井管理－技术操作规程　Ⅳ.① TE357.6-65

中国版本图书馆 CIP 数据核字（2019）第 049825 号

出版发行：石油工业出版社
（北京安定门外安华里 2 区 1 号楼 100011）
网　址：www.petropub.com
编辑部：（010）64210387
图书营销中心：（010）64523633
经　销：全国新华书店
印　刷：北京中石油彩色印刷有限责任公司

2019 年 5 月第 1 版　2019 年 5 月第 1 次印刷
880×1230 毫米　开本：1/64　印张：8.8125
字数：130 千字

定价：165.00 元（全 11 册）
（如出现印装质量问题，我社图书营销中心负责调换）

《采油工安全生产标准化操作丛书》
编 委 会

#《注水井生产故障分析与处理 4 注水井油压升高故障及处理》

编 委 会

主　编：吴　奇

副主编：孙　萌　周恒仓　王大一

委　员：吴文君　董敬宁　李雪莲

张春超　贾贺童　丁洪涛

生凤英　程　亮　邹宏刚

吕庆东　韩旭龙　张云辉

胡胜杰　白丽君　郑海峰

开发单位

中国石油天然气股份有限公司勘探与生产分公司

大庆油田有限责任公司人事部（党委组织部）

大庆油田有限责任公司开发部

大庆油田有限责任公司质量安全环保部

大庆油田有限责任公司第二采油厂

大庆油田有限责任公司第四采油厂

大庆油田有限责任公司第六采油厂

大庆油田有限责任公司文化集团

大庆油田有限责任公司人才开发院

大庆油田有限责任公司大庆医学高等专科学校

合作单位

长庆油田分公司
辽河油田分公司
新疆油田分公司
大港油田分公司
华北油田分公司
石油工业出版社

FOREWORD 序

“求木之长者，必固其根本；欲流之远者，必浚其泉源。”2017年，党中央、国务院印发了《新时期产业工人队伍建设改革方案》，明确指出，产业工人是工人阶级中发挥支撑作用的主体力量，是创造社会财富的中坚力量，是创新驱动发展的骨干力量，是实施制造强国战略的有生力量。同时提出，要造就一支有理想守信念、懂技术会创新、敢担当讲奉献的宏大的产业工人队伍。这充分体现了党和国家对产业工人队伍建设的关心支持。

中国石油牢固树立以人为本、质量至上、安全第一、环保优先的理念，坚持施行标准化操作作为保证安全生产、深化精细管理、实现

企业内涵发展的重要支撑。中国石油将提升员工技能水平作为抓好产业工人队伍建设的主攻方向，把标准化操作固化成基层单位和干部职工尤其是新员工的行为准则和工作标准，牢固树立“上标准岗、干标准活”的工作意识和理念，形成人人讲安全、人人会安全、人人都安全的良好局面。

守正笃实，久久为功。提升员工技能操作水平是一项长期而艰巨的任务，完善标准是基础，加强领导是保障，优化执行是根本。这需要大家积极推广标准化操作工作，不断加强和改进操作流程与标准，不断规范与完善标准化操作，引导广大员工全面提升对标准化操作的认知度，全面提升标准化操作执行力，规范本质化安全行为，推进各项工作上水平。

中国石油人事部和中国石油勘探与生产分公司共同组织编写的《采油工安全生产标准化

操作丛书》及配套的视频课件，包含中国石油各油气田单位通用性的140个基本操作，具有开发标准高、内容全面、注重安全风险、应用范围广、培训效果突出等方面优点。相对应的视频课件利用三维动画技术，通过分解、剖切等方式展示常规不可见的设备内部结构，让员工学习起来更加直观，是一套“看得懂、学得会、易掌握”的实用教材，真正做到了将“技术有形化”，填补了中国石油安全生产操作培训课件方面的空白，为进一步提升操作员工整体素质提供有力支撑。

目前，跨国公司员工培训已经进入了“互联网+培训”的员工混合式培训阶段，以多终端应用设备为载体，展现多种资源，结合线下培训和社区化学习模式，以网络化应用进行培训评估，实现可规划路径的人才发展优化培训。这套丛书从生产实际出发，以满足需求为导向，

以促进员工养成标准化操作习惯为目标，实践性和针对性都很强。同时，大批专家的参与写作使教材的权威性有了保证。丛书配套的视频课件可以满足石油员工远程移动学习，也可以满足员工单机高清自学和集中学习。这样就形成了三位一体的员工培训模式，逐步迈入员工混合式培训阶段。希望这套丛书的出版发行，能为促进中国石油员工培训工作的深入开展，为促进员工操作技能水平的不断提升，为推动油气主业高质量发展，为实现中国石油建成世界一流综合性国际能源公司作出积极贡献。

中国石油天然气集团有限公司
总经理助理、人事部总经理

PREFACE 前言

采油工是油田企业主体关键工种之一，在中国石油操作类员工中占比较大，采油工技能水平的高低，对油田的安全平稳生产起到至关重要的作用。为进一步提高采油工的基本素质和业务技能水平，中国石油人事部和中国石油勘探与生产分公司于2016年联合启动了采油工安全生产标准化操作视频培训课件开发项目，成立了课件编委会，委托大庆油田公司负责课件具体编制工作，并确定长庆、辽河、新疆、大港、华北5家油田公司和石油工业出版社，共同配合大庆油田做好视频培训课件编制工作。

课件开发过程中，大庆油田高度重视，按照“实际、实用、实效”的原则，专门成立了

课件开发工作领导组，组织公司人事部、开发部、安全环保部、第二采油厂、第四采油厂等9个部门和二级单位共同参与，共计抽调了100余名专家参与项目的研发设计。勘探与生产分公司加强过程监督和质量把控，针对开发方案、课件脚本、制作标准、课件样片等内容，按照不同工作节点先后组织三次大的集中审核会议，邀请中国石油各油田行业专家建言献策，为提高课件的通用性和实用性奠定坚实基础。大庆油田按照总体工作要求，历时两年，完成了视频培训课件的编制任务，并同步完成《采油工安全生产标准化操作丛书》的编写工作。本套丛书紧贴油田生产实际，以采油工岗位职责为依据，包含《安全防护用具使用》《工具、用具、量具使用》《采油工艺简介》《抽油机井标准化操作》《电动潜油泵井标准化操作》《电动螺杆泵井标准化操作》《注水井标准化操作》

《计量间标准化操作》《抽油机井生产故障分析与处理》《电动潜油泵井生产故障分析与处理》《电动螺杆泵井生产故障分析与处理》《注水井生产故障分析与处理》《计量间生产故障分析与处理》《现场应急救护》，共 14 种 140 个分册。本套丛书具有突出的实用性和规范性特点，可广泛用于新员工岗前培训、日常岗位练兵、鉴定考前培训、师徒帮带、技能竞赛等学习培训活动。

希望本套丛书能够为各石油企业提供借鉴，为今后采油工岗位培训的扎实有效开展提供有力保障。由于各油田在采油工艺、设备等方面存在差异性，书中难免有不足之处，敬请读者批评指正。

编者

2018 年 8 月

CONTENTS 目录

故障现象

注水井在生产过程中，油压值应控制在合理注入压力范围内。当油压值高于最高允许注入压力时，影响正常注水。

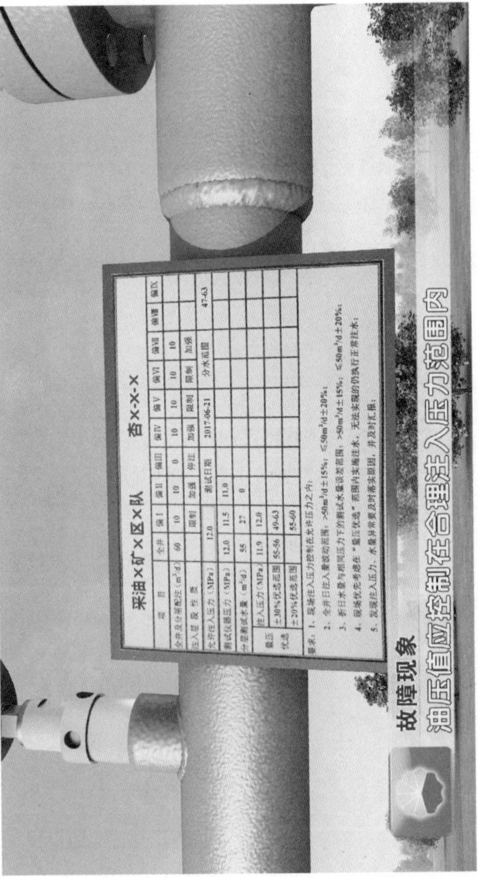
采油×矿×区×队
杏×-×-×
故障现象
油压值应控制在合理注入压力范围内

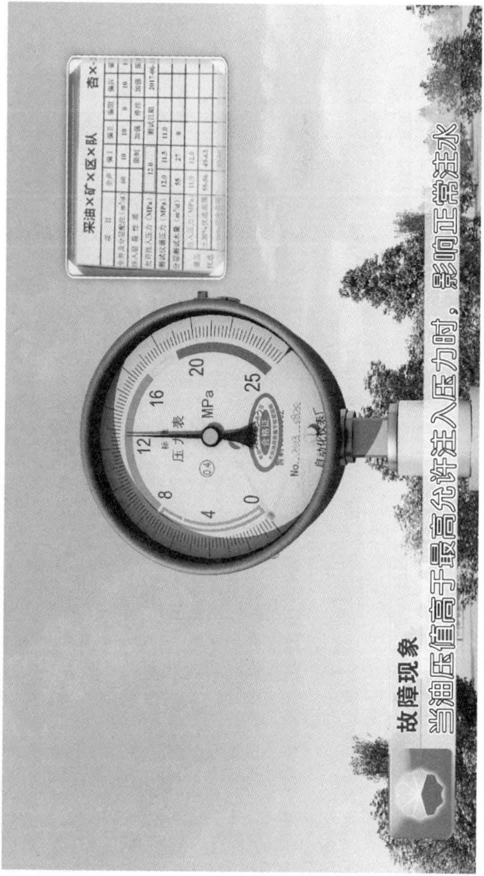
故障现象
当油压值高于最高允许注入压力时，影响正常注水

故障原因

（1）导致注水井油压升高的地面因素。

①压力表在使用过程中受到震动或表壳固定螺丝松动等原因，造成压力表不准确，导致录取油压值偏高。

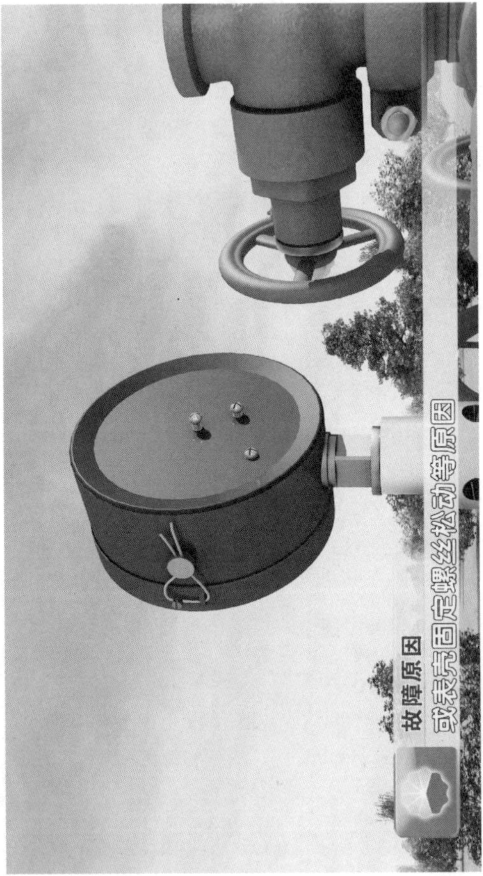
故障原因
或表壳固定螺丝松动等原因

故障原因
造成压力表不准确，导致录取油压值偏高

②天气寒冷，压力表冻结，造成油压升高。

故障原因
压力表冻结

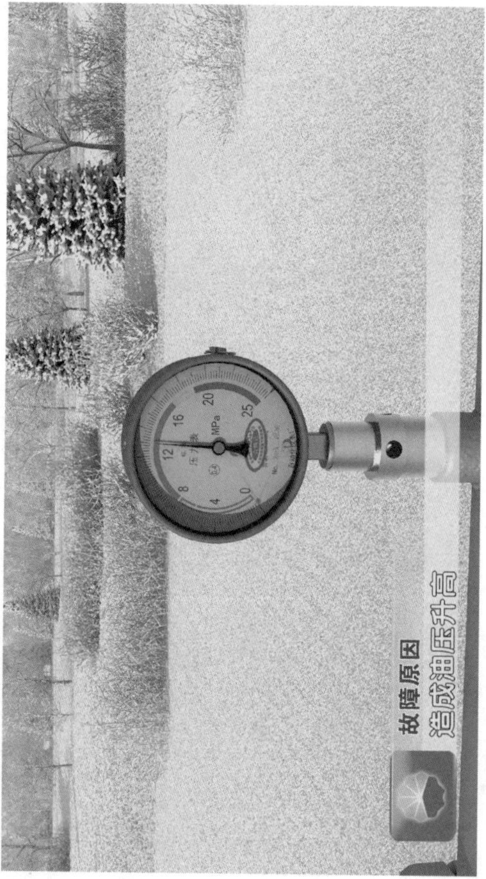
故障原因
造成油压升高

③由于泵压（注水站来水压力）上升，导致注水井油压升高。

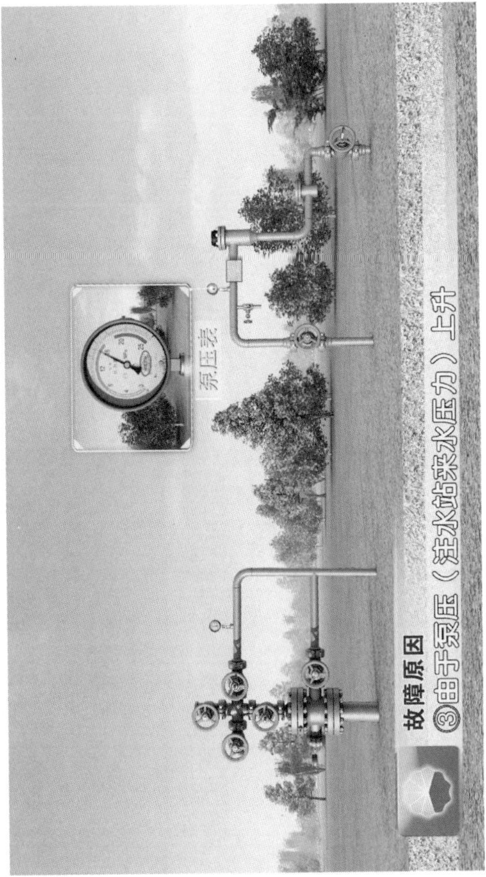
泵压表
故障原因
③由于泵压（注水站来水压力）上升

故障原因
导致注水井油压升高
油压表
泵压表

④当总阀门或生产阀门的闸板脱落，导致油压升高。

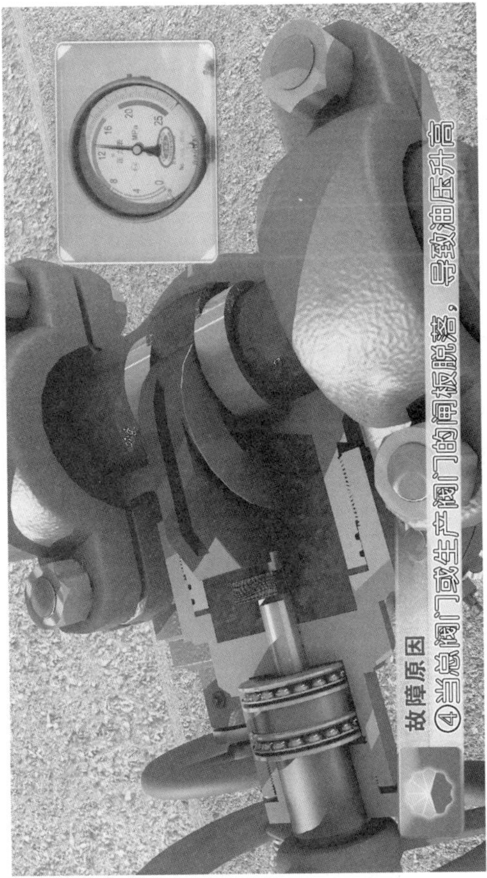
故障原因
④当总阀门或生产阀门的闸板脱落，导致油压升高

（2）注水井油压升高的井下工具因素。

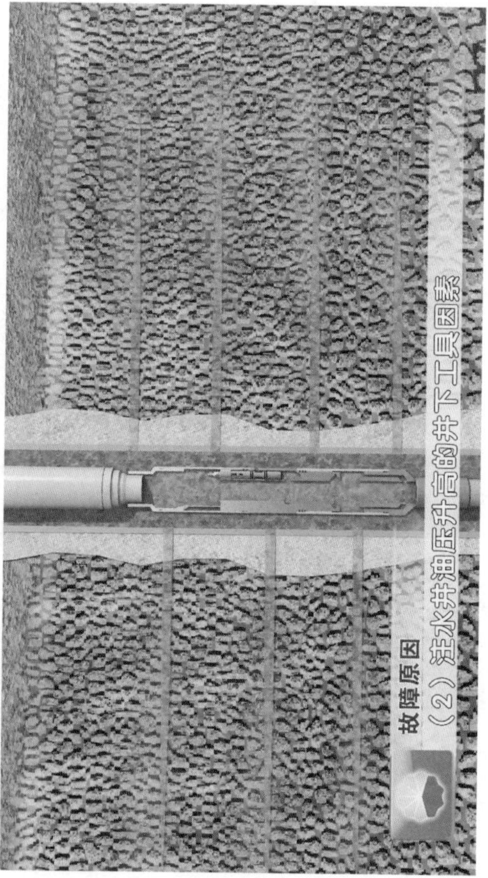

由于注入水中含有杂质，易造成井下滤网或水嘴堵塞，使注入水流动阻力增大，导致注水井油压升高。

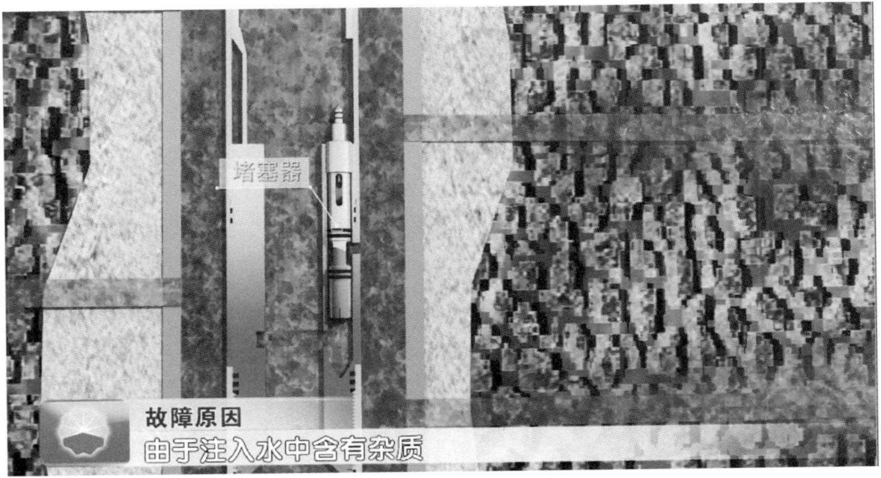

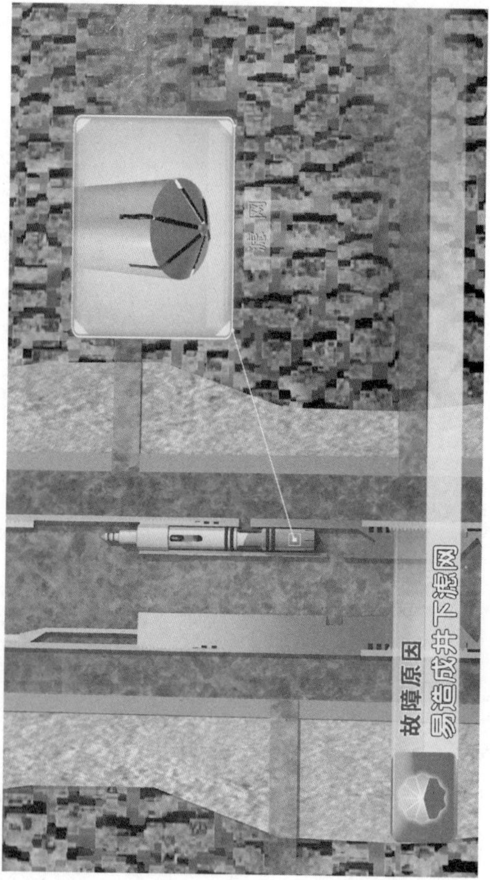
滤网
故障原因
易造成井下滤网

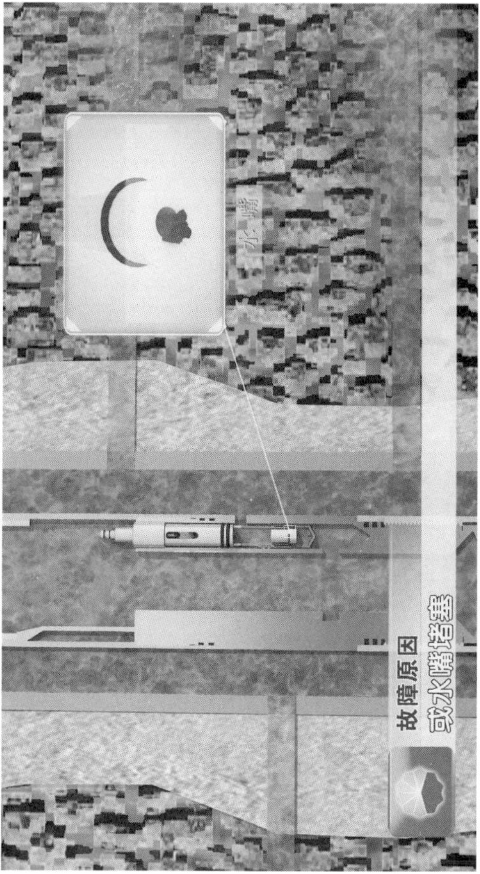
水嘴
故障原因
或水嘴堵塞

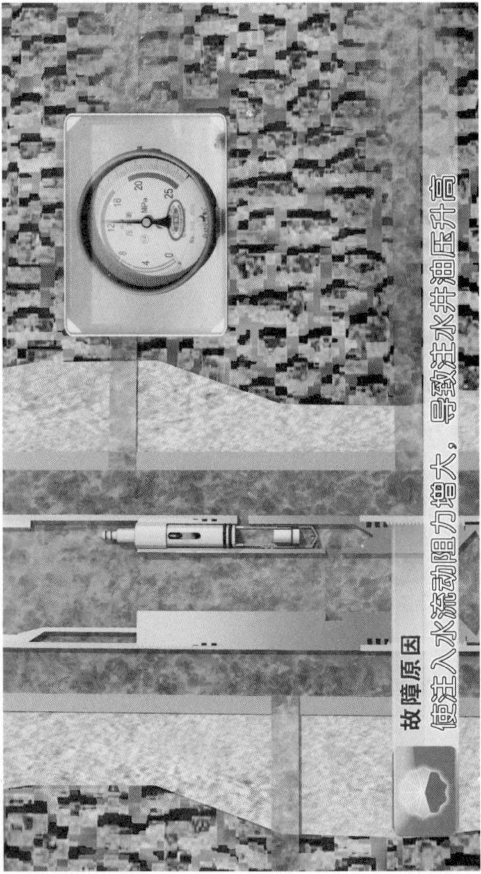
故障原因
使注入水流动阻力增大，导致注水井油压升高

（3）注水井油压升高的油层因素。

①油层压力上升，导致油层的吸水能力下降，使注水井油压升高。

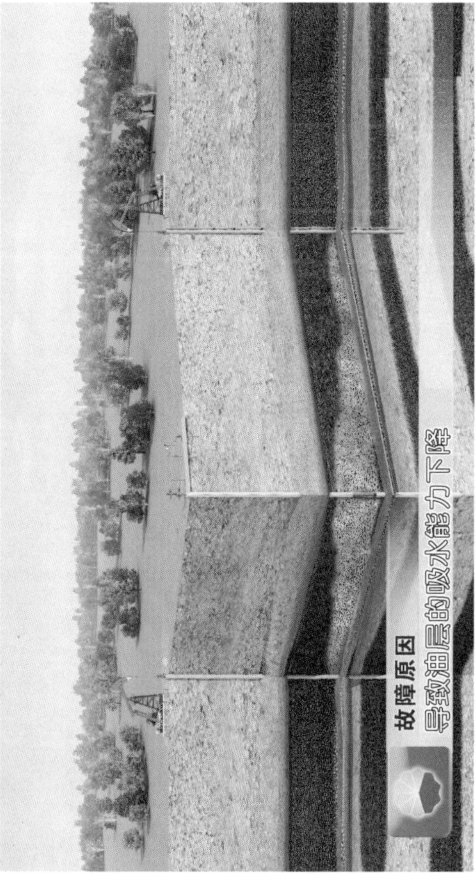
故障原因
导致油层的吸水能力下降

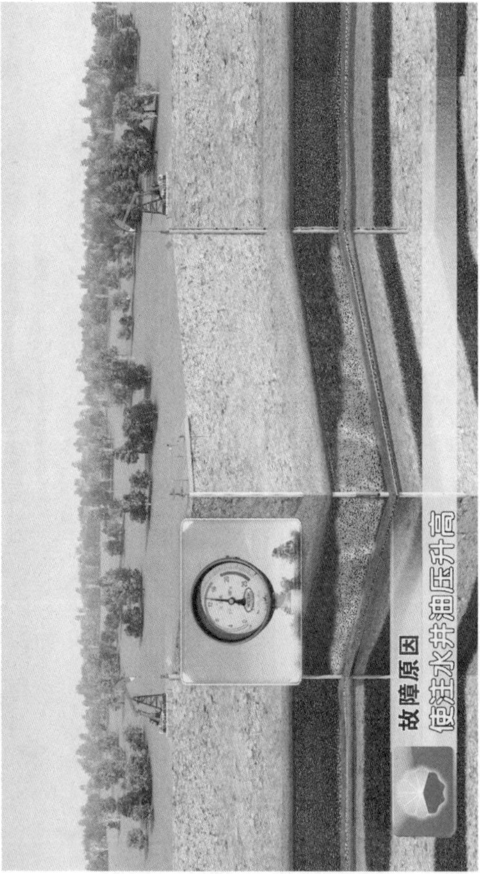
故障原因
使注水井油压升高

②注入水质不合格，油层被脏物堵塞，渗透性变差，导致注水井油压上升。

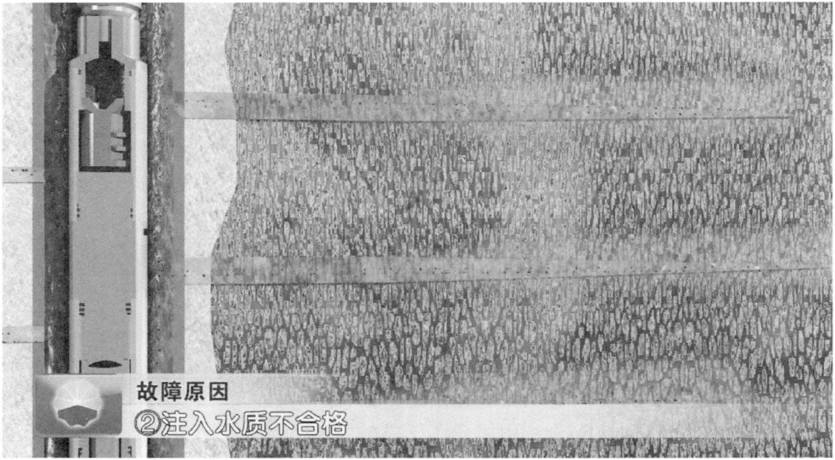

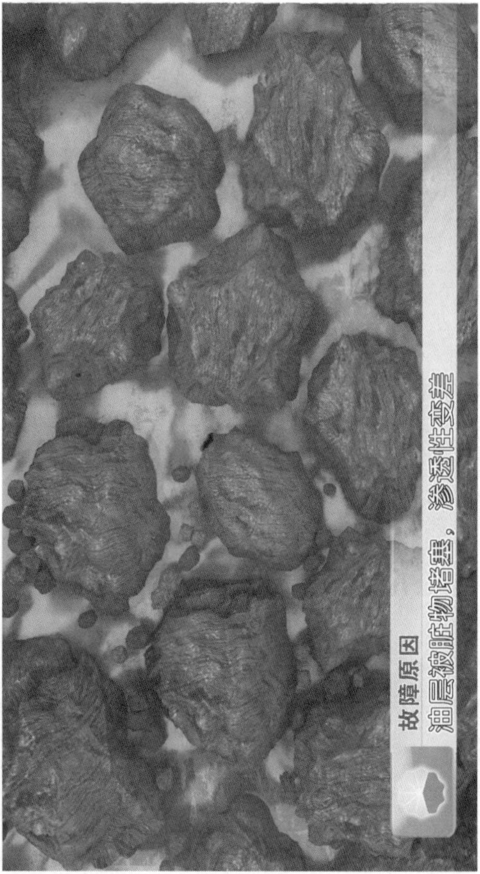
故障原因
油层被脏物堵塞，渗透性变差

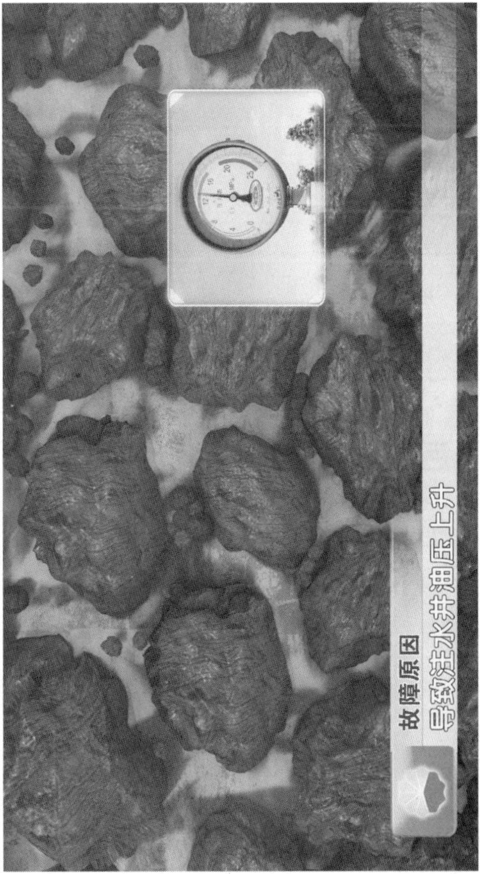
故障原因
导致注水井油压上升

处理方法

注水井处理故障时，应先进行倒流程、泄压，方可操作。

（1）油压表不准确或冻结时，更换合格压力表，录取油压值。

处理方法
更换合格压力表，录取油压值

（2）泵压（注水站来水压力）升高引起油压升高，应及时按注水指示牌进行调控。

处理方法
（2）泵压（注水站来水压力）升高引起油压升高

处理方法
应及时按注水指示牌进行调控

（3）阀门闸板脱落，维修、更换阀门。

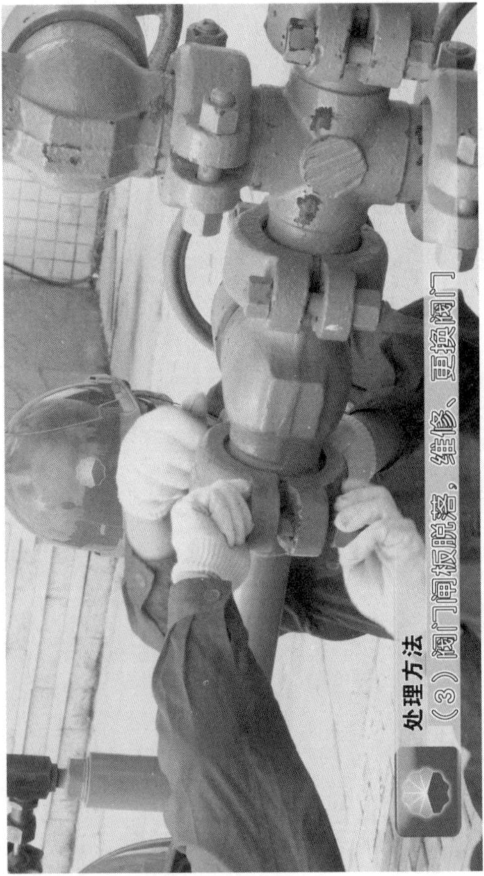

（4）当井下滤网或水嘴堵时应进行洗井，洗井无效后进行测试，更换滤网、水嘴。

处理方法
（4）当井下滤网或水嘴堵时应进行洗井

处理方法
洗井无效后进行测试，更换滤网、水嘴

（5）由于油层压力上升，导致油层吸水能力下降，油压上升，应根据油田开发方案，综合调整。

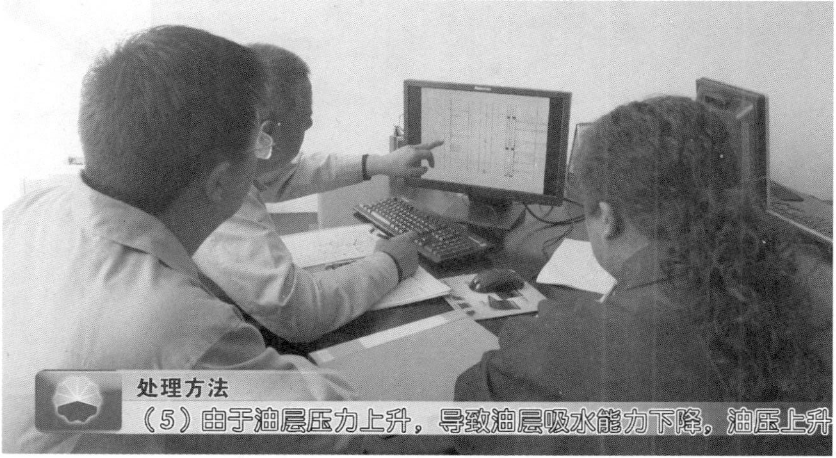
处理方法
（5）由于油层压力上升，导致油层吸水能力下降，油压上升

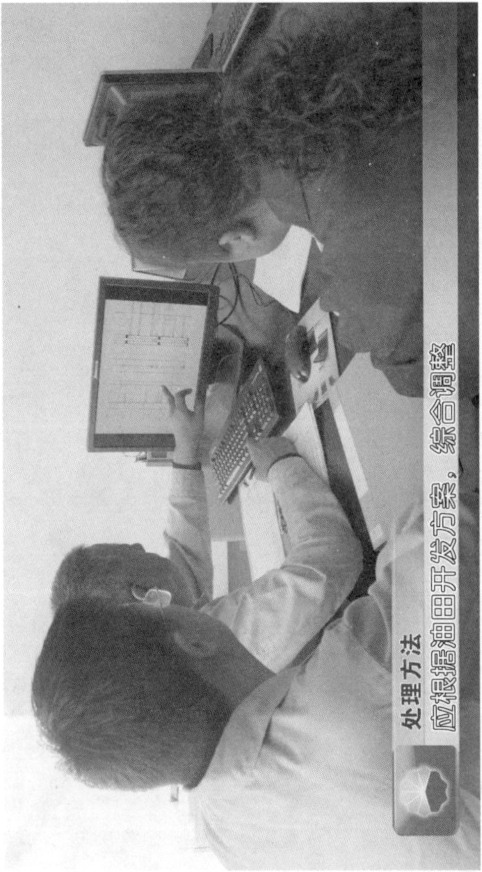
处理方法
应根据油田开发方案，综合调整

（6）当注水水质不合格导致油层堵塞，使油压升高，要及时洗井，洗井无效后酸化。

处理方法
（6）当注水水质不合格导致油层堵塞，使油压升高

处理方法
要及时洗井，洗井无效后酸化

（7）严把注水水质关，提高注入水质量，减少因水质不合格导致油压升高的故障。

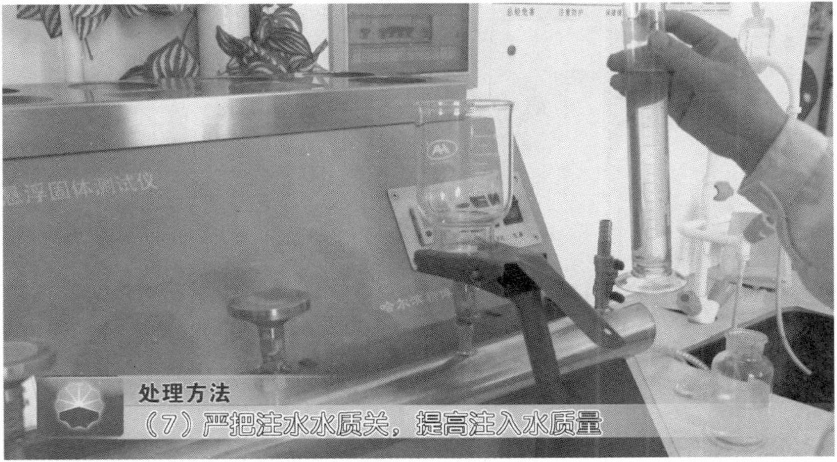
悬浮固体测试仪
处理方法
（7）严把注水水质关，提高注入水质量

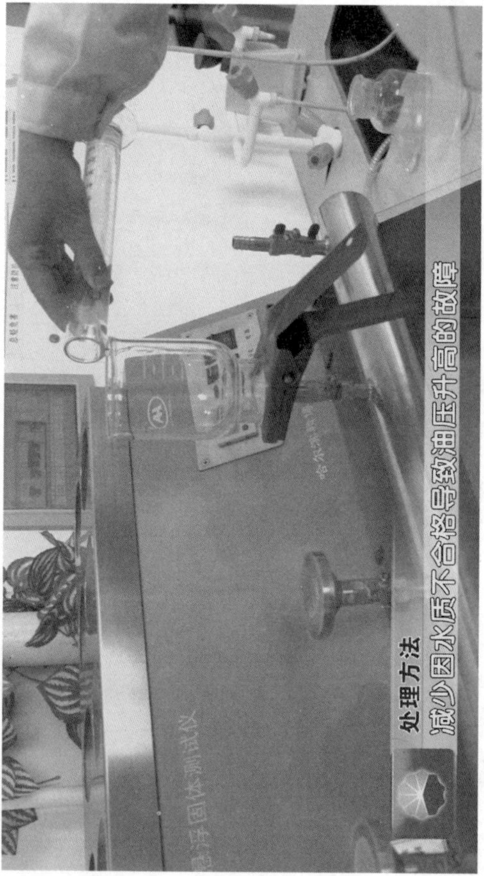
处理方法
减少因水质不合格导致油压升高的故障

试　题

一、选择题（不限单选）

1. 注水井在生产过程中，当（　）高于最高允许注入压力时，影响正常注水。

A. 泵压值　　　　B. 油压值

C. 套压值　　　　D. 流压值

2. 注水井由于注入水中含有杂质，易造成井下滤网或水嘴堵塞,使注入水流动阻力增大，导致注水井油压（　）。

A. 升高　　　　B. 降低

C. 不变　　　　D. 损失

3. 注水井由于注入水水质不合格，油层被脏物堵塞，（　），导致注水井油压上升。

A. 渗透性变好　　　　B. 渗透性变差

C. 孔隙度大　　　　D. 渗透性不变

4. 注水井油层压力上升，导致油层的吸水能力下降，使注水井（ ）。

A. 油压升高　　B. 油压下降

C. 套压升高　　D. 套压下降

5. 当注水井注水水质不合格导致（ ），使油压升高，要及时洗井，洗井无效后酸化。

A. 油管堵塞　　B. 封隔器失效

C. 油层堵塞　　D. 水嘴脱落

二、判断题

1. 注水井压力表在使用过程中受到震动，或表壳固定螺丝松动等原因造成压力表不准确，导致录取油压值不准确。（ ）

2. 注水井泵压上升，会导致注水井油压降低。（ ）

3. 与注水井相连通油井采取降产措施，导致注水井油压降低。（ ）

4. 注水井由于油层压力上升，导致油层吸

水能力下降，油压上升，应根据油田开发方案，综合调整。（ ）

试题参考答案

一、选择题

题号	1	2	3	4	5
答案	B	A	B	A	C

二、判断题

题号	1	2	3	4
答案	√	×	×	√

《注水井生产故障分析与处理》

分册序号	分册书名
1	注水井井口装置渗漏故障及处理
2	注水井水表表芯停走故障及处理
3	注水井管线穿孔故障及处理
4	注水井油压升高故障及处理
5	注水井油压下降故障及处理
6	分层注水井油压、套压平衡故障及处理
7	注水井注水量上升故障及处理
8	注水井注水量下降故障及处理
9	注水井洗井不通故障及处理
10	注水井水表转动异常故障及处理
11	注水井取样阀门打不开故障及处理

采油工安全生产标准化操作丛书

中国石油人事部
中国石油勘探与生产分公司 编

注水井生产故障分析与处理 5

注水井油压下降故障及处理

石油工业出版社

图书在版编目（CIP）数据

注水井生产故障分析与处理 / 中国石油人事部，中国石油勘探与生产分公司编 .—北京：石油工业出版社，2019.5
（采油工安全生产标准化操作丛书）
ISBN 978-7-5183-3245-8

Ⅰ. ①注… Ⅱ. ①中… ②中… Ⅲ. ①注水井管理－技术操作规程 Ⅳ. ① TE357.6-65

中国版本图书馆 CIP 数据核字（2019）第 049825 号

出版发行：石油工业出版社
（北京安定门外安华里 2 区 1 号楼 100011）
网　址：www.petropub.com
编辑部：（010）64210387
图书营销中心：（010）64523633
经　　销：全国新华书店
印　　刷：北京中石油彩色印刷有限责任公司

2019 年 5 月第 1 版　2019 年 5 月第 1 次印刷
880×1230 毫米　开本：1/64　印张：8.8125
字数：130 千字

定价：165.00 元（全 11 册）
（如出现印装质量问题，我社图书营销中心负责调换）

《采油工安全生产标准化操作丛书》

编 委 会

《注水井生产故障分析与处理 5 注水井油压下降故障及处理》
编　委　会

主　编：吴　奇

副主编：魏小羽　胡胜杰　周恒仓

委　员：吴文君　董敬宁　李雪莲
张春超　贾贺童　丁洪涛
生凤英　程　亮　邹宏刚
吕庆东　韩旭龙　张云辉
王大一　白丽君　郑海峰

开发单位

中国石油天然气股份有限公司勘探与生产分公司

大庆油田有限责任公司人事部（党委组织部）

大庆油田有限责任公司开发部

大庆油田有限责任公司质量安全环保部

大庆油田有限责任公司第二采油厂

大庆油田有限责任公司第四采油厂

大庆油田有限责任公司第六采油厂

大庆油田有限责任公司文化集团

大庆油田有限责任公司人才开发院

大庆油田有限责任公司大庆医学高等专科学校

合作单位

长庆油田分公司

辽河油田分公司

新疆油田分公司

大港油田分公司

华北油田分公司

石油工业出版社

FOREWORD 序

“求木之长者，必固其根本；欲流之远者，必浚其泉源。”2017 年，党中央、国务院印发了《新时期产业工人队伍建设改革方案》，明确指出，产业工人是工人阶级中发挥支撑作用的主体力量，是创造社会财富的中坚力量，是创新驱动发展的骨干力量，是实施制造强国战略的有生力量。同时提出，要造就一支有理想守信念、懂技术会创新、敢担当讲奉献的宏大的产业工人队伍。这充分体现了党和国家对产业工人队伍建设的关心支持。

中国石油牢固树立以人为本、质量至上、安全第一、环保优先的理念，坚持施行标准化操作作为保证安全生产、深化精细管理、实现

企业内涵发展的重要支撑。中国石油将提升员工技能水平作为抓好产业工人队伍建设的主攻方向，把标准化操作固化成基层单位和干部职工尤其是新员工的行为准则和工作标准，牢固树立“上标准岗、干标准活”的工作意识和理念，形成人人讲安全、人人会安全、人人都安全的良好局面。

守正笃实，久久为功。提升员工技能操作水平是一项长期而艰巨的任务，完善标准是基础，加强领导是保障，优化执行是根本。这需要大家积极推广标准化操作工作，不断加强和改进操作流程与标准，不断规范与完善标准化操作，引导广大员工全面提升对标准化操作的认知度，全面提升标准化操作执行力，规范本质化安全行为，推进各项工作上水平。

中国石油人事部和中国石油勘探与生产分公司共同组织编写的《采油工安全生产标准化

操作丛书》及配套的视频课件，包含中国石油各油气田单位通用性的140个基本操作，具有开发标准高、内容全面、注重安全风险、应用范围广、培训效果突出等方面优点。相对应的视频课件利用三维动画技术，通过分解、剖切等方式展示常规不可见的设备内部结构，让员工学习起来更加直观，是一套“看得懂、学得会、易掌握”的实用教材，真正做到了将“技术有形化”，填补了中国石油安全生产操作培训课件方面的空白，为进一步提升操作员工整体素质提供有力支撑。

目前，跨国公司员工培训已经进入了“互联网+培训”的员工混合式培训阶段，以多终端应用设备为载体，展现多种资源，结合线下培训和社区化学习模式，以网络化应用进行培训评估，实现可规划路径的人才发展优化培训。这套丛书从生产实际出发，以满足需求为导向，

以促进员工养成标准化操作习惯为目标，实践性和针对性都很强。同时，大批专家的参与写作使教材的权威性有了保证。丛书配套的视频课件可以满足石油员工远程移动学习，也可以满足员工单机高清自学和集中学习。这样就形成了三位一体的员工培训模式，逐步迈入员工混合式培训阶段。希望这套丛书的出版发行，能为促进中国石油员工培训工作的深入开展，为促进员工操作技能水平的不断提升，为推动油气主业高质量发展，为实现中国石油建成世界一流综合性国际能源公司作出积极贡献。

中国石油天然气集团有限公司
总经理助理、人事部总经理 刘志华

PREFACE 前言

采油工是油田企业主体关键工种之一，在中国石油操作类员工中占比较大，采油工技能水平的高低，对油田的安全平稳生产起到至关重要的作用。为进一步提高采油工的基本素质和业务技能水平，中国石油人事部和中国石油勘探与生产分公司于2016年联合启动了采油工安全生产标准化操作视频培训课件开发项目，成立了课件编委会，委托大庆油田公司负责课件具体编制工作，并确定长庆、辽河、新疆、大港、华北5家油田公司和石油工业出版社，共同配合大庆油田做好视频培训课件编制工作。

课件开发过程中，大庆油田高度重视，按照“实际、实用、实效”的原则，专门成立了

课件开发工作领导组，组织公司人事部、开发部、安全环保部、第二采油厂、第四采油厂等 9 个部门和二级单位共同参与，共计抽调了 100 余名专家参与项目的研发设计。勘探与生产分公司加强过程监督和质量把控,针对开发方案、课件脚本、制作标准、课件样片等内容，按照不同工作节点先后组织三次大的集中审核会议，邀请中国石油各油田行业专家建言献策，为提高课件的通用性和实用性奠定坚实基础。大庆油田按照总体工作要求，历时两年，完成了视频培训课件的编制任务，并同步完成《采油工安全生产标准化操作丛书》的编写工作。本套丛书紧贴油田生产实际，以采油工岗位职责为依据，包含《安全防护用具使用》《工具、用具、量具使用》《采油工艺简介》《抽油机井标准化操作》《电动潜油泵井标准化操作》《电动螺杆泵井标准化操作》《注水井标准化操作》

《计量间标准化操作》《抽油机井生产故障分析与处理》《电动潜油泵井生产故障分析与处理》《电动螺杆泵井生产故障分析与处理》《注水井生产故障分析与处理》《计量间生产故障分析与处理》《现场应急救护》，共 14 种 140 个分册。本套丛书具有突出的实用性和规范性特点，可广泛用于新员工岗前培训、日常岗位练兵、鉴定考前培训、师徒帮带、技能竞赛等学习培训活动。

希望本套丛书能够为各石油企业提供借鉴，为今后采油工岗位培训的扎实有效开展提供有力保障。由于各油田在采油工艺、设备等方面存在差异性，书中难免有不足之处，敬请读者批评指正。

编者

2018 年 8 月

CONTENTS 目录

故障现象

注水井在生产过程中，油压值应控制在合理注入压力范围内。当油压值低于合理注入压力时，影响正常注水，导致注采不平衡。

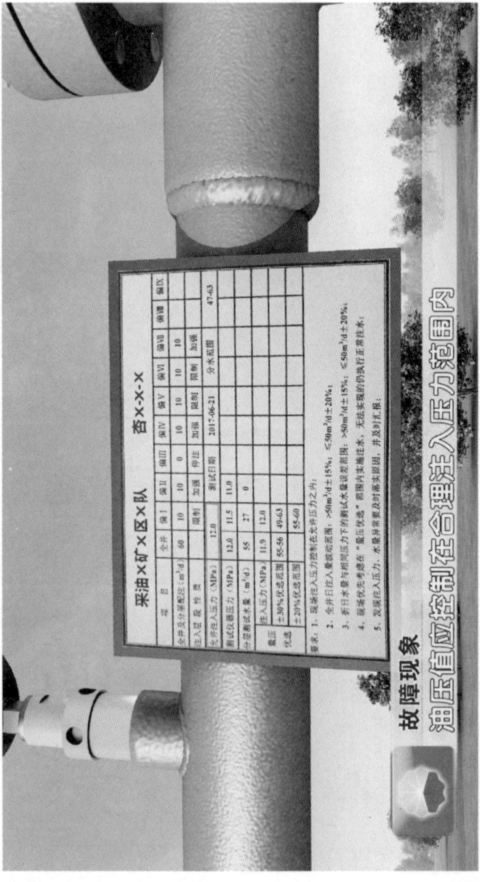
采油×矿×区×队
杏×-×-×
故障现象
油压值应控制在合理注入压力范围内

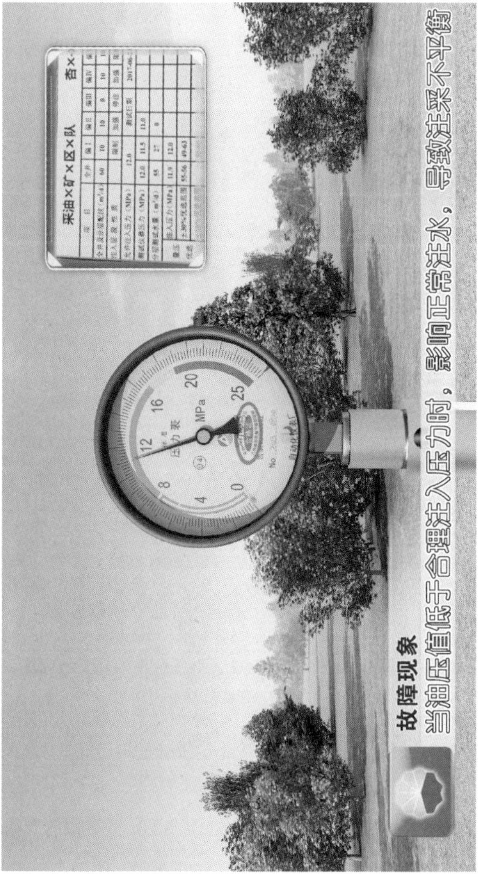
采油×矿×区×队
压力表
MPa
故障现象
当油压值低于合理注入压力时，影响正常注水，导致注采不平衡

故障原因

（1）影响注水井油压下降的地面因素。

①压力表在使用过程中，受到震动或表壳固定螺丝松动等原因，造成压力表不准确，导致录取油压值下降。

故障原因
或表壳固定螺丝松动等原因

故障原因
造成压力表不准确，导致录取油压值下降

②地面管线穿孔，导致油压下降。

③过滤器堵塞，导致注水井油压下降。

故障原因
导致注水井油压下降

④注水站压力降低或管线泄漏引起泵压（注水站来水压力）降低，导致油压下降。

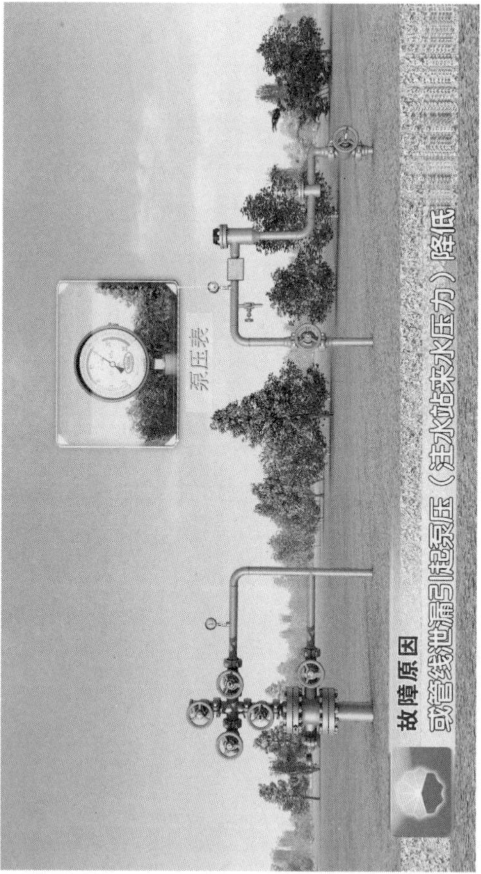
泵压表
故障原因
或管线泄漏引起泵压（注水站来水压力）降低

泵压表
油压表
故障原因
导致油压下降

（2）影响注水井油压下降的井下设备因素。

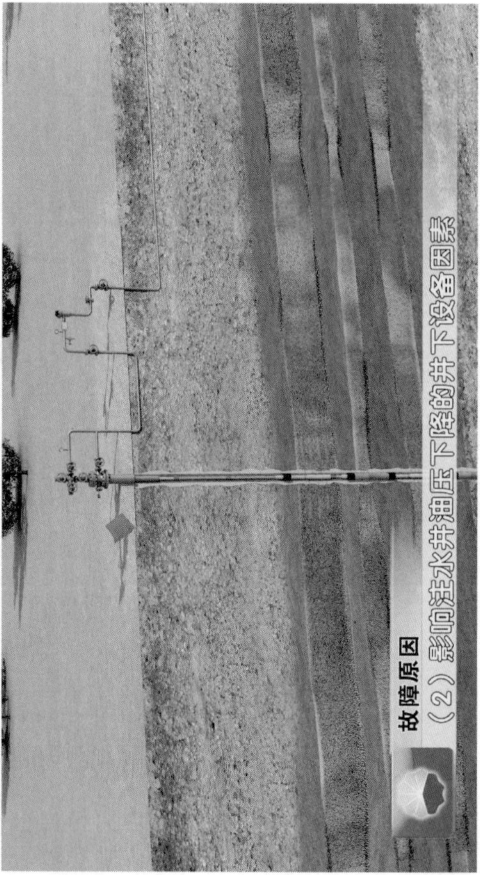
故障原因
（2）影响注水井油压下降的井下设备因素

①注水过程中井下水嘴刺大或脱落，导致油压下降。

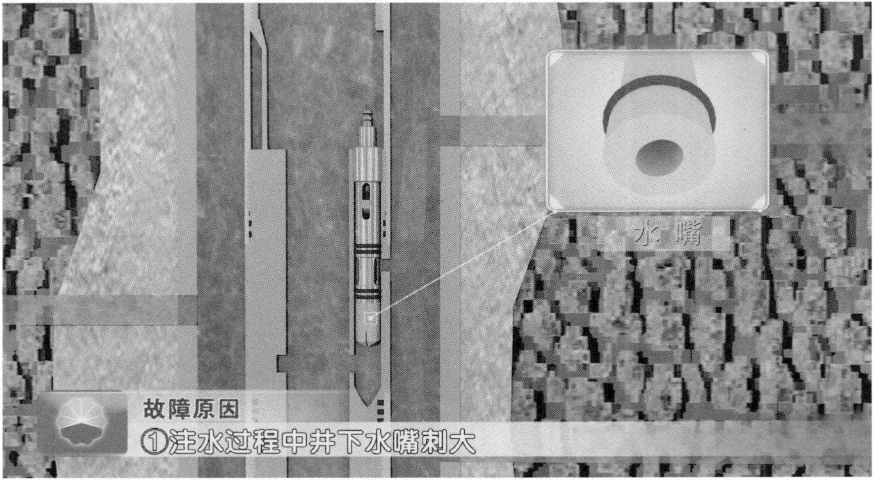

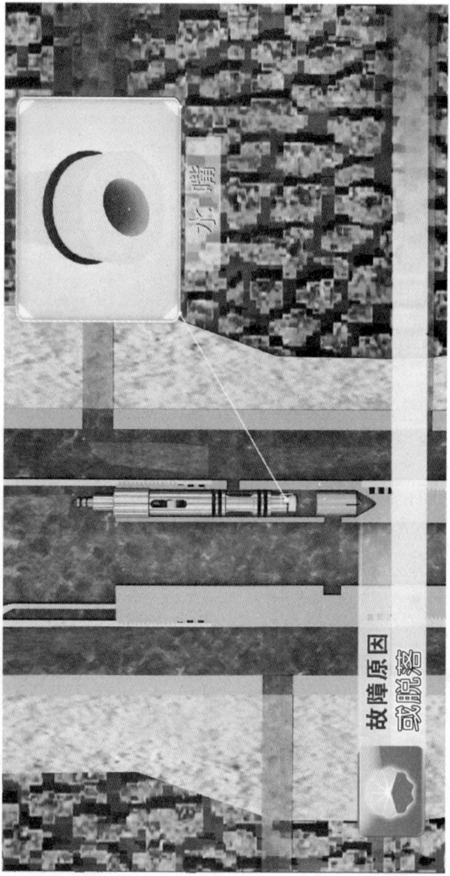
水嘴
故障原因
或脱落

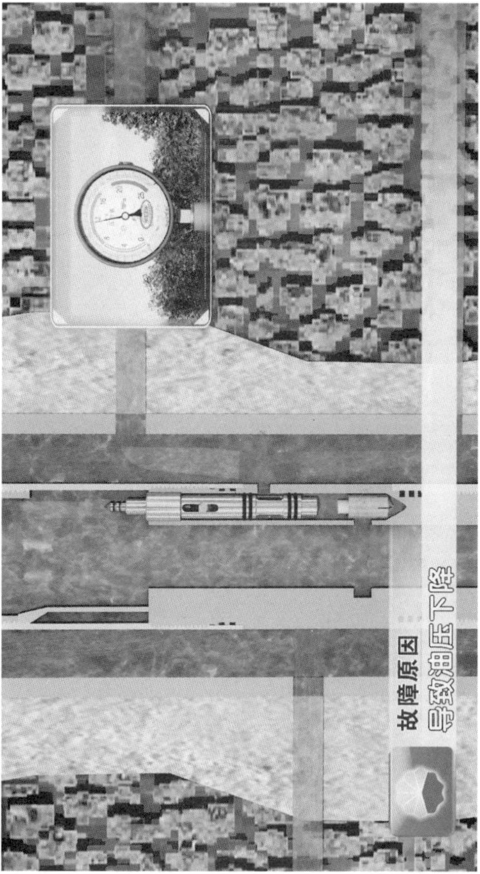
故障原因
导致油压下降

②油管腐蚀、螺纹损坏，造成刺漏或油管脱落，导致油压下降。

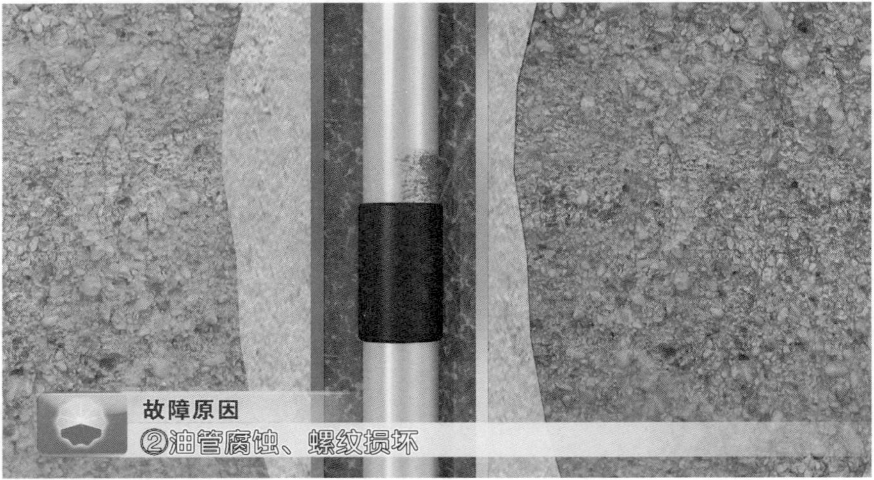

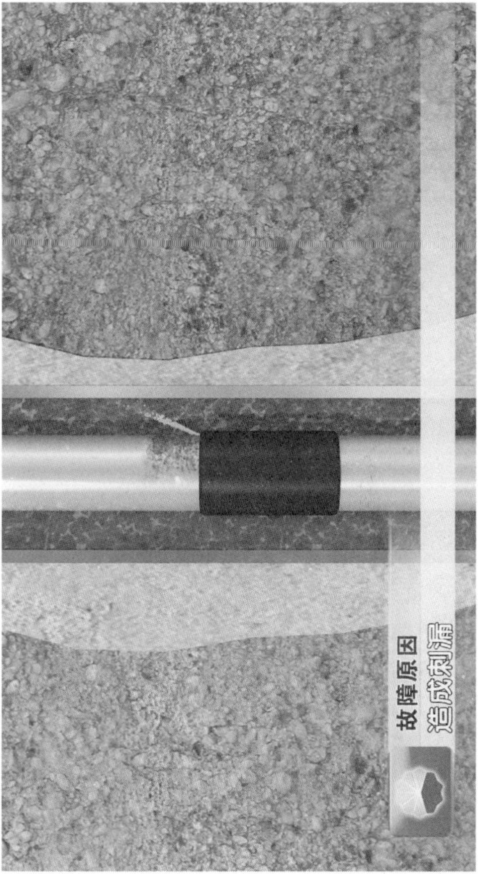
故障原因
造成刺漏

故障原因
或油管脱落

故障原因
导致油压下降
MPa
压力表

③由于腐蚀或被脏物卡住等原因，造成底部挡球密封不严，油压下降。

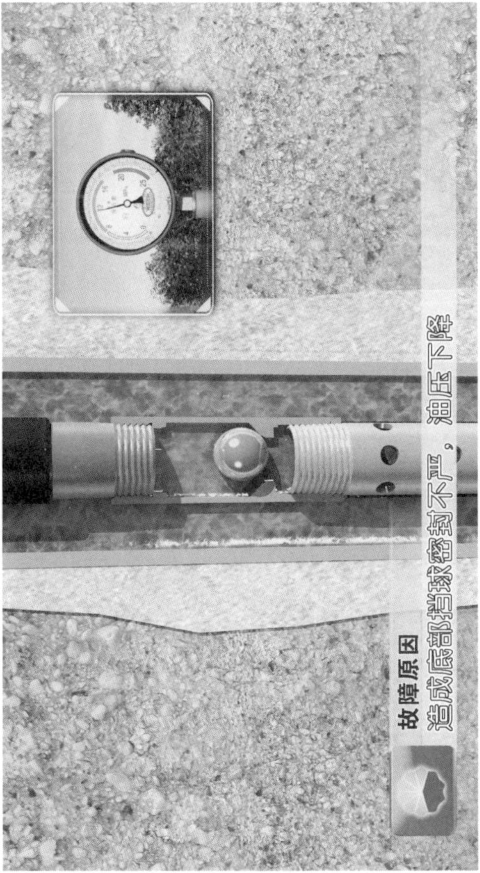
故障原因
造成底部挡球密封不严，油压下降

④封隔器胶筒破裂、变形等原因导致封隔器失效，造成油压下降。

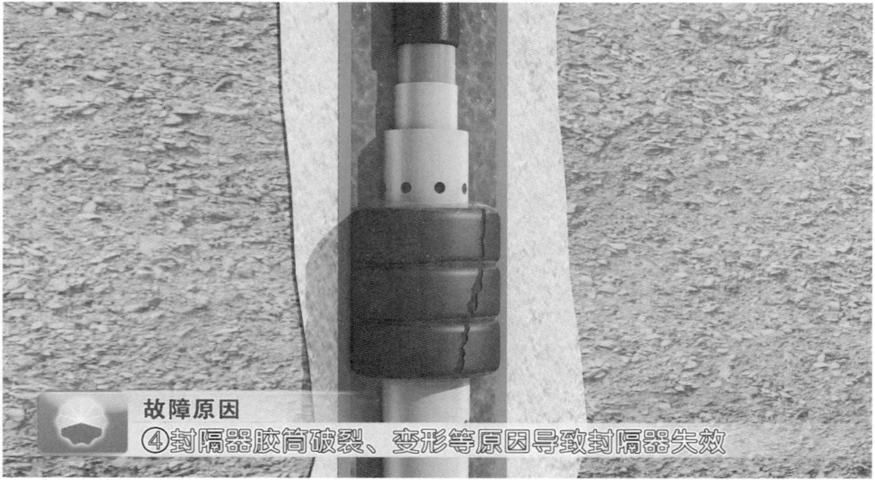
故障原因
④封隔器胶筒破裂、变形等原因导致封隔器失效

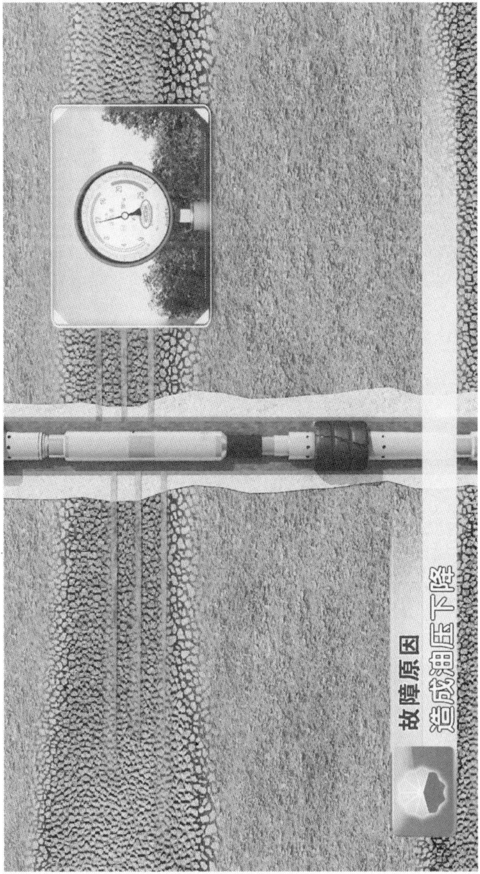
故障原因
造成油压下降

⑤固井质量不合格导致管外水泥窜槽，造成油压下降。

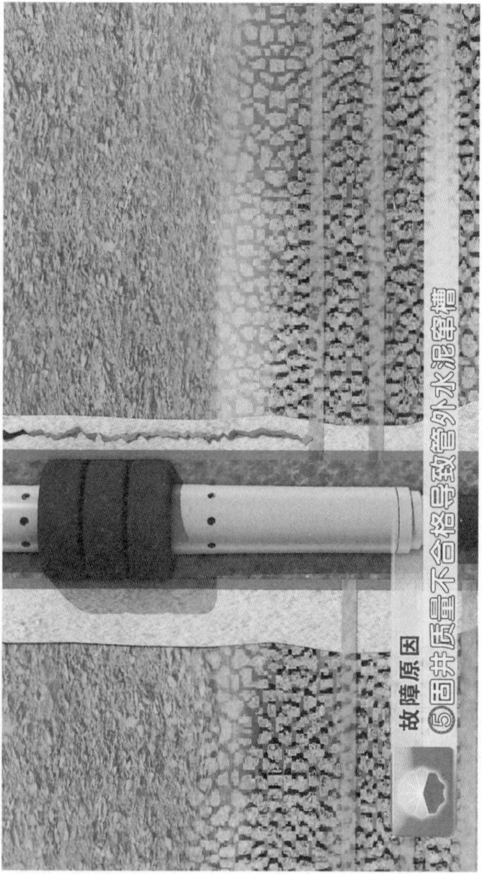
故障原因
⑤固井质量不合格导致管外水泥窜槽

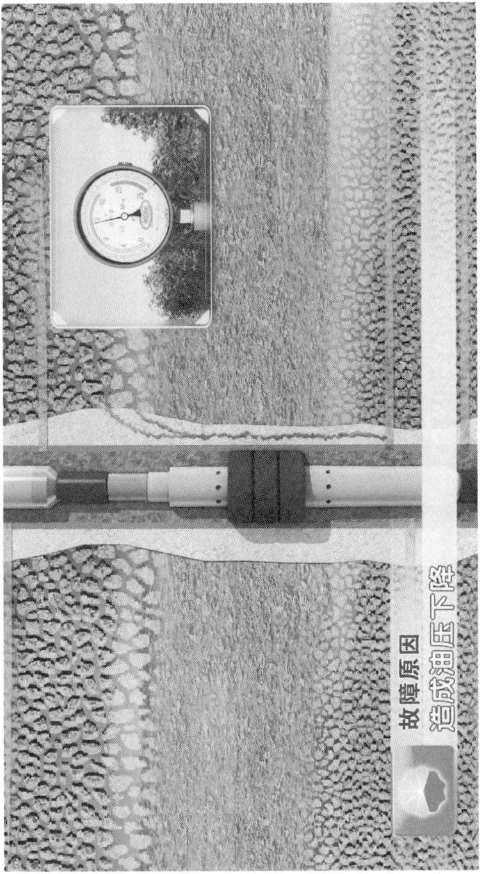
故障原因
造成油压下降

（3）影响注水井油压下降的油层因素。

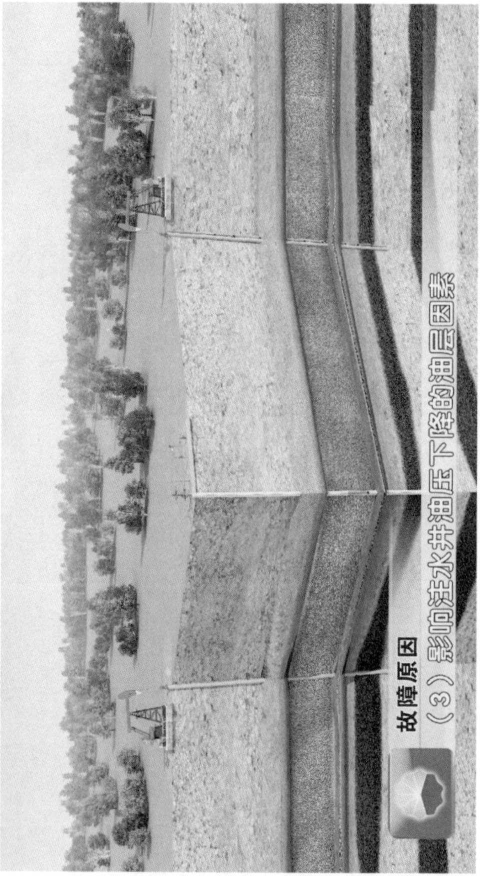

①水井采取酸化、压裂等增注措施。酸化溶解了近井地带的堵塞物，恢复地层吸水能力。压裂使地层形成了新的有效裂缝，降低了渗流阻力，导致油压下降。

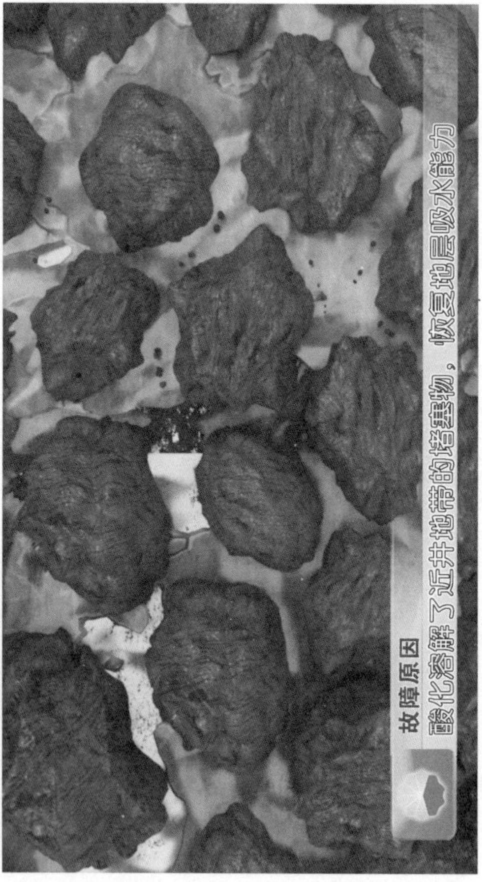
故障原因
酸化溶解了近井地带的堵塞物，恢复地层吸水能力

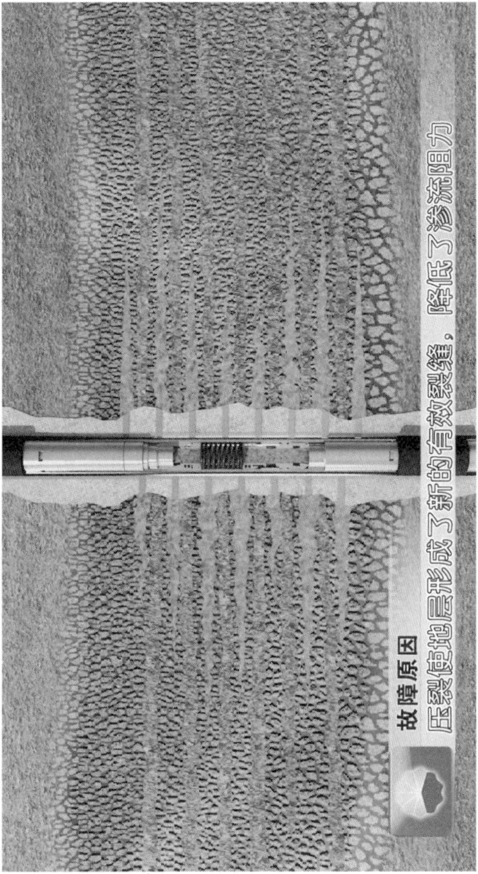
故障原因
压裂使地层形成了新的有效裂缝，降低了渗流阻力

故障原因
导致油压下降
压力表
MPa
0
4
8
12
16
20
25

②与注水井相连通的机采井采取增产措施后，地下亏空，导致注水压力下降。

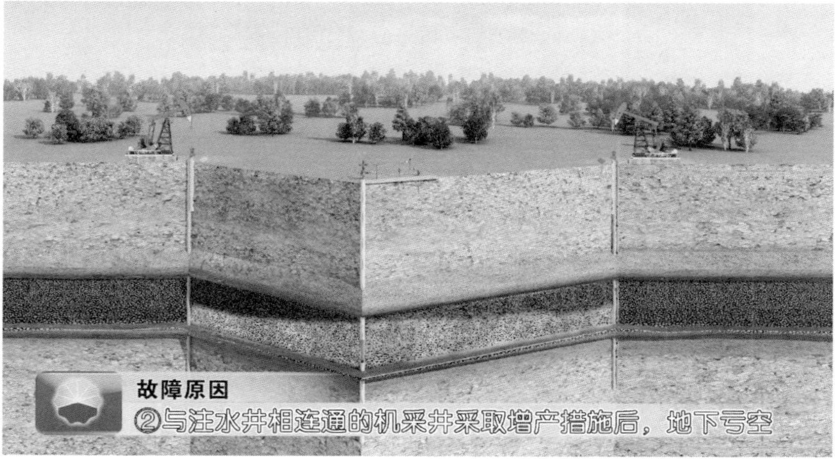
故障原因
②与注水井相连通的机采井采取增产措施后，地下亏空

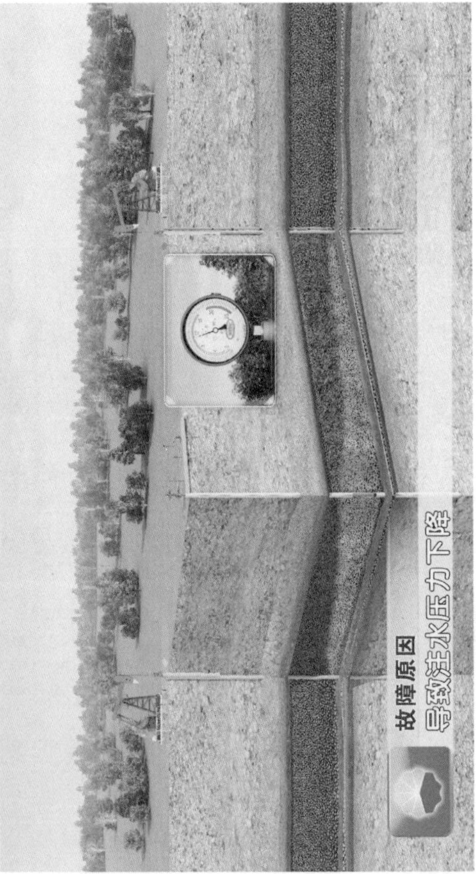
故障原因
导致注水压力下降

③注水层段出现水淹状态，导致注水井油压下降。

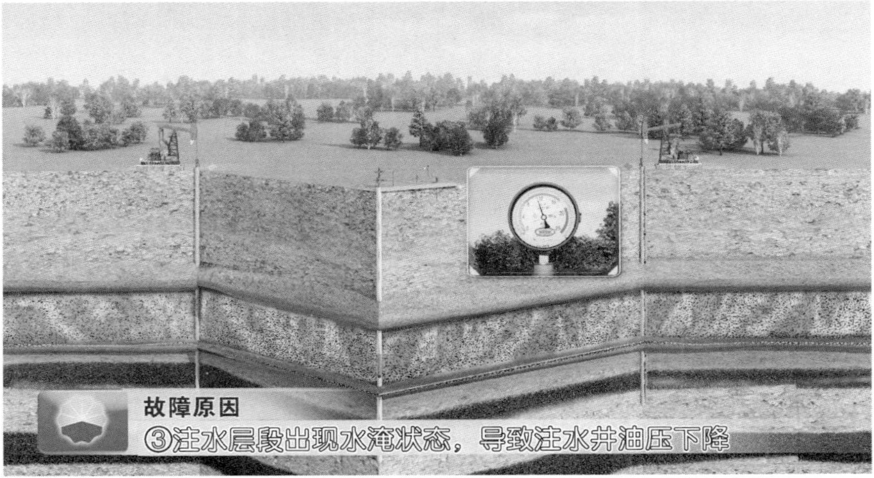
故障原因
③注水层段出现水淹状态，导致注水井油压下降

处理方法

注水井处理故障时，应先进行倒流程、泄压，方可操作。

（1）油压表不准确时，更换合格压力表，录取油压值。

处理方法
（1）油压表不准确时，更换合格压力表，录取油压值

（2）管线穿孔导致油压下降，应及时对穿孔管线进行补焊。

处理方法
（2）管线穿孔导致油压下降，应及时对穿孔管线进行补焊

（3）当过滤器堵塞时，应清洗过滤器。

（4）注水站压力降低引起泵压（注水站来水压力）下降，导致油压下降，应提高注水站压力并及时按配注方案进行调控。

处理方法
（4）注水站压力降低引起泵压（注水站来水压力）下降

处理方法
导致油压下降

处理方法
应提高注水站压力并及时按配注方案进行调控

（5）配水器水嘴刺大或脱落时，进行测试更换配水器水嘴。

非工作人员禁止入内
处理方法
（5）配水器水嘴刺大或脱落时，进行测试更换配水器水嘴

（6）油管漏或脱落、底部挡球密封不严、封隔器失效、管外水泥窜槽时，进行作业、大修处理。

处理方法
封隔器失效、管外水泥窜槽时，进行作业

处理方法
大修处理

（7）由于油层因素造成的油压下降，要进行综合分析，采取测试调整，作业封堵等相应措施。

处理方法
要进行综合分析，采取测试调整，作业封堵等相应措施

试 题

一、选择题（不限单选）

1. 注水井在生产过程中，当油压值低于合理注入压力时，影响正常注水，导致（ ）。

A. 地层压力上升　　B. 油层伤害

C. 注采平衡　　D. 注采不平衡

2. 影响注水井油压下降的地面因素有：压力表不准确、地面管线穿孔、（ ）、泵压降低。

A. 封隔器失效　　B. 过滤器堵

C. 水嘴刺大　　D. 滤网漏

3. 影响注水井油压下降的井下设备因素有：井下水嘴刺大或脱落、油管刺漏或油管脱落、（ ）、封隔器失效、管外水泥窜槽。

A. 底部挡球卡死

B. 井下滤网堵

C. 底部挡球密封不严

D. 筛管堵

4. 与注水井相连通的机采井采取压裂措施后，（ ）导致注水压力下降。

A. 地层压力升高　　B. 地下亏空

C. 套压升高　　D. 达到饱和压力

5. 注水井封隔器胶筒破裂、变形等原因导致封隔器失效，造成（ ）。

A. 套压下降　　B. 泵压上升

C. 油压下降　　D. 油压上升

二、判断题

1. 注水井固井质量不合格导致管外水泥窜槽，造成油压上升。（ ）

2. 注水站压力降低引起泵压下降，导致油压下降，应提高注水站压力并及时按配注方案进行调控。（ ）

3. 注水井油管漏或脱落、底部挡球密封不

严、封隔器失效、管外水泥窜槽时，进行作业、大修处理。（　）

4. 注水井配水器水嘴刺大或脱落时，进行洗井冲洗配水器水嘴。（　）

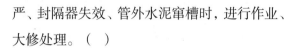

试题参考答案

一、选择题

题号	1	2	3	4	5
答案	D	B	C	B	C

二、判断题

题号	1	2	3	4
答案	×	√	√	×

《注水井生产故障分析与处理》

分册序号	分册书名
1	注水井井口装置渗漏故障及处理
2	注水井水表表芯停走故障及处理
3	注水井管线穿孔故障及处理
4	注水井油压升高故障及处理
5	注水井油压下降故障及处理
6	分层注水井油压、套压平衡故障及处理
7	注水井注水量上升故障及处理
8	注水井注水量下降故障及处理
9	注水井洗井不通故障及处理
10	注水井水表转动异常故障及处理
11	注水井取样阀门打不开故障及处理

采油工安全生产标准化操作丛书

中国石油人事部
中国石油勘探与生产分公司　编

注水井生产故障分析与处理 6

分层注水井油压、套压平衡故障及处理

石油工业出版社

图书在版编目（CIP）数据

注水井生产故障分析与处理 / 中国石油人事部，中国石油勘探与生产分公司编 .—北京 : 石油工业出版社，2019.5

（采油工安全生产标准化操作丛书）
ISBN 978-7-5183-3245-8

Ⅰ. ①注… Ⅱ. ①中… ②中… Ⅲ. ①注水井管理－技术操作规程 Ⅳ. ① TE357.6-65

中国版本图书馆 CIP 数据核字（2019）第 049825 号

出版发行：石油工业出版社
（北京安定门外安华里 2 区 1 号楼 100011）
网 址：www.petropub.com
编辑部：（010）64210387
图书营销中心：（010）64523633
经 销：全国新华书店
印 刷：北京中石油彩色印刷有限责任公司

2019 年 5 月第 1 版 2019 年 5 月第 1 次印刷
880×1230 毫米 开本：1/64 印张：8.8125
字数：130 千字

定价：165.00 元（全 11 册）
（如出现印装质量问题，我社图书营销中心负责调换）

《采油工安全生产标准化操作丛书》

编 委 会

《注水井生产故障分析与处理 6 分层注水井油压、套压平衡故障及处理》

编 委 会

开发单位

中国石油天然气股份有限公司勘探与生产分公司

大庆油田有限责任公司人事部（党委组织部）

大庆油田有限责任公司开发部

大庆油田有限责任公司质量安全环保部

大庆油田有限责任公司第二采油厂

大庆油田有限责任公司第四采油厂

大庆油田有限责任公司第六采油厂

大庆油田有限责任公司文化集团

大庆油田有限责任公司人才开发院

大庆油田有限责任公司大庆医学高等专科学校

合作单位

长庆油田分公司

辽河油田分公司

新疆油田分公司

大港油田分公司

华北油田分公司

石油工业出版社

FOREWORD 序

“求木之长者，必固其根本；欲流之远者，必浚其泉源。”2017 年，党中央、国务院印发了《新时期产业工人队伍建设改革方案》，明确指出，产业工人是工人阶级中发挥支撑作用的主体力量，是创造社会财富的中坚力量，是创新驱动发展的骨干力量，是实施制造强国战略的有生力量。同时提出，要造就一支有理想守信念、懂技术会创新、敢担当讲奉献的宏大的产业工人队伍。这充分体现了党和国家对产业工人队伍建设的关心支持。

中国石油牢固树立以人为本、质量至上、安全第一、环保优先的理念，坚持施行标准化操作作为保证安全生产、深化精细管理、实现

企业内涵发展的重要支撑。中国石油将提升员工技能水平作为抓好产业工人队伍建设的主攻方向，把标准化操作固化成基层单位和干部职工尤其是新员工的行为准则和工作标准，牢固树立“上标准岗、干标准活”的工作意识和理念，形成人人讲安全、人人会安全、人人都安全的良好局面。

守正笃实，久久为功。提升员工技能操作水平是一项长期而艰巨的任务，完善标准是基础，加强领导是保障，优化执行是根本。这需要大家积极推广标准化操作工作，不断加强和改进操作流程与标准，不断规范与完善标准化操作，引导广大员工全面提升对标准化操作的认知度，全面提升标准化操作执行力，规范本质化安全行为，推进各项工作上水平。

中国石油人事部和中国石油勘探与生产分公司共同组织编写的《采油工安全生产标准化

操作丛书》及配套的视频课件，包含中国石油各油气田单位通用性的140个基本操作，具有开发标准高、内容全面、注重安全风险、应用范围广、培训效果突出等方面优点。相对应的视频课件利用三维动画技术，通过分解、剖切等方式展示常规不可见的设备内部结构，让员工学习起来更加直观，是一套“看得懂、学得会、易掌握”的实用教材，真正做到了将“技术有形化”，填补了中国石油安全生产操作培训课件方面的空白，为进一步提升操作员工整体素质提供有力支撑。

目前，跨国公司员工培训已经进入了“互联网+培训”的员工混合式培训阶段，以多终端应用设备为载体，展现多种资源，结合线下培训和社区化学习模式，以网络化应用进行培训评估，实现可规划路径的人才发展优化培训。这套丛书从生产实际出发，以满足需求为导向，

以促进员工养成标准化操作习惯为目标，实践性和针对性都很强。同时，大批专家的参与写作使教材的权威性有了保证。丛书配套的视频课件可以满足石油员工远程移动学习，也可以满足员工单机高清自学和集中学习。这样就形成了三位一体的员工培训模式，逐步迈入员工混合式培训阶段。希望这套丛书的出版发行，能为促进中国石油员工培训工作的深入开展，为促进员工操作技能水平的不断提升，为推动油气主业高质量发展，为实现中国石油建成世界一流综合性国际能源公司作出积极贡献。

中国石油天然气集团有限公司
总经理助理、人事部总经理

刘志华

PREFACE 前言

采油工是油田企业主体关键工种之一，在中国石油操作类员工中占比较大，采油工技能水平的高低，对油田的安全平稳生产起到至关重要的作用。为进一步提高采油工的基本素质和业务技能水平，中国石油人事部和中国石油勘探与生产分公司于2016年联合启动了采油工安全生产标准化操作视频培训课件开发项目，成立了课件编委会，委托大庆油田公司负责课件具体编制工作，并确定长庆、辽河、新疆、大港、华北5家油田公司和石油工业出版社，共同配合大庆油田做好视频培训课件编制工作。

课件开发过程中，大庆油田高度重视，按照“实际、实用、实效”的原则，专门成立了

课件开发工作领导组，组织公司人事部、开发部、安全环保部、第二采油厂、第四采油厂等 9 个部门和二级单位共同参与，共计抽调了 100 余名专家参与项目的研发设计。勘探与生产分公司加强过程监督和质量把控,针对开发方案、课件脚本、制作标准、课件样片等内容，按照不同工作节点先后组织三次大的集中审核会议，邀请中国石油各油田行业专家建言献策，为提高课件的通用性和实用性奠定坚实基础。大庆油田按照总体工作要求，历时两年，完成了视频培训课件的编制任务，并同步完成《采油工安全生产标准化操作丛书》的编写工作。本套丛书紧贴油田生产实际，以采油工岗位职责为依据，包含《安全防护用具使用》《工具、用具、量具使用》《采油工艺简介》《抽油机井标准化操作》《电动潜油泵井标准化操作》《电动螺杆泵井标准化操作》《注水井标准化操作》

《计量间标准化操作》《抽油机井生产故障分析与处理》《电动潜油泵井生产故障分析与处理》《电动螺杆泵井生产故障分析与处理》《注水井生产故障分析与处理》《计量间生产故障分析与处理》《现场应急救护》，共 14 种 140 个分册。本套丛书具有突出的实用性和规范性特点,可广泛用于新员工岗前培训、日常岗位练兵、鉴定考前培训、师徒帮带、技能竞赛等学习培训活动。

希望本套丛书能够为各石油企业提供借鉴，为今后采油工岗位培训的扎实有效开展提供有力保障。由于各油田在采油工艺、设备等方面存在差异性，书中难免有不足之处，敬请读者批评指正。

编者

2018 年 8 月

CONTENTS 目录

故障现象

注水井在正常注水时，套压值应低于油压值。当注水井套压逐渐升高与油压值平衡时，影响分层注水井注水效果。

油压表
套压表
故障现象
套压值应低于油压值

故障现象
当注水井套压逐渐升高与油压值平衡时
压力表
MPa

故障现象
影响分层注水井注水效果

故障原因

（1）注水井注水时，由于套管阀门不严，注入水进入套管内，导致注水井套压上升最终造成油压、套压平衡。

套管阀门
故障原因
（1）注水井注水时，由于套管阀门不严

故障原因
注入水进入套管内

故障原因
导致注水井套压上升最终造成油压、套压平衡

（2）由于油管悬挂器密封圈破损，注入水从油管悬挂器密封处窜入套管，导致油压、套压平衡。

油管悬挂器
故障原因
（2）由于油管悬挂器密封圈破损，注入水从油管悬挂器密封处窜入套管

故障原因
导致油压、套压平衡

（3）第一级封隔器以上油管漏失，导致注水井油压、套压平衡。

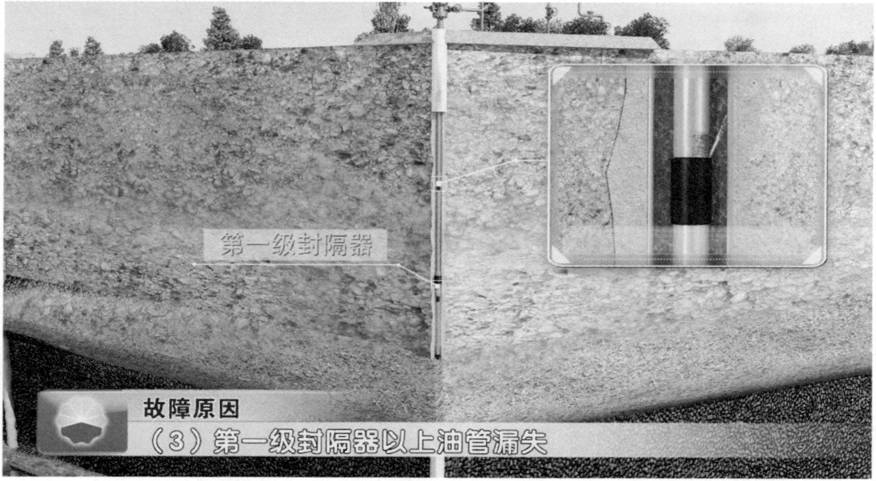
第一级封隔器
故障原因
（3）第一级封隔器以上油管漏失

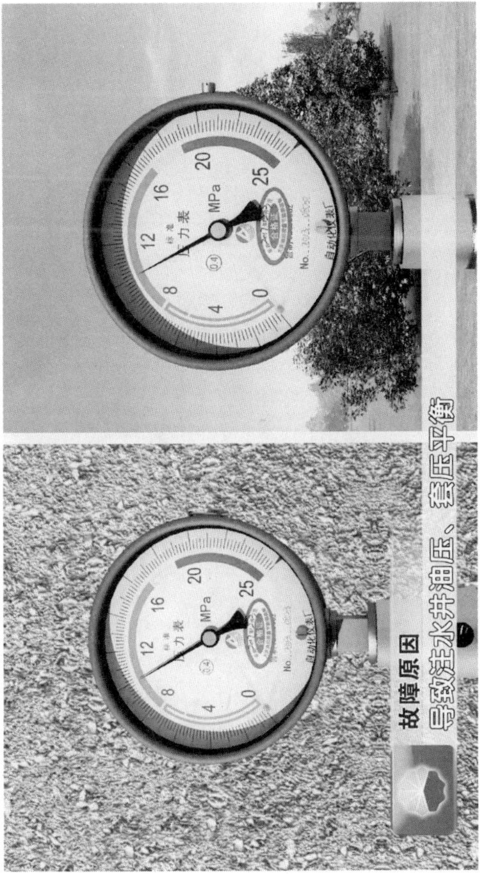
故障原因
导致注水井油压、套压平衡

（4）由于第一级封隔器失效，导致注水井套压升高，最终造成油压、套压平衡。

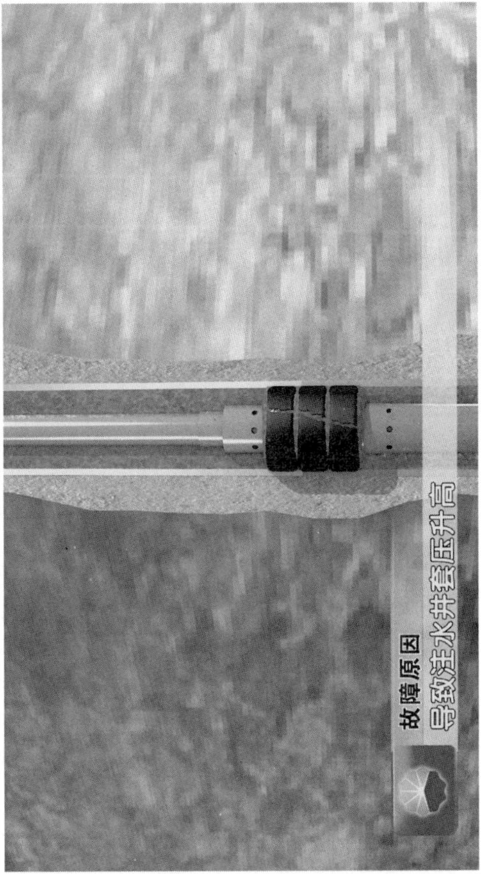
故障原因
导致注水井套压升高

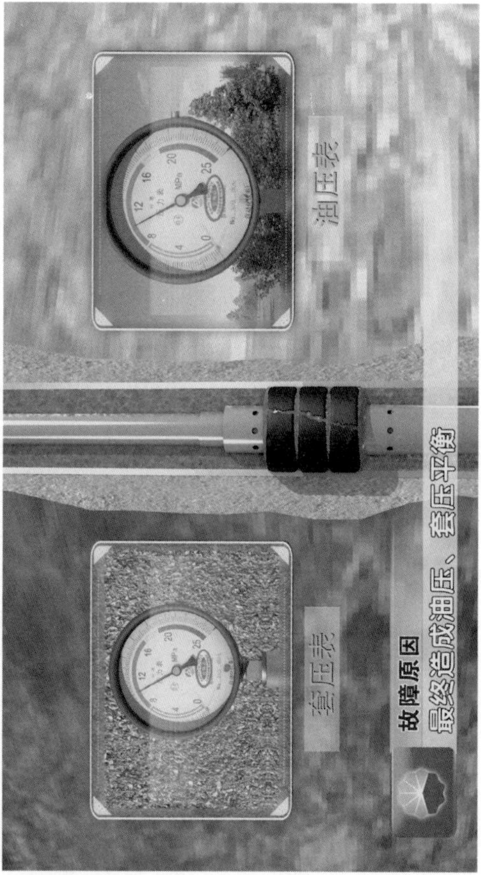
油压表
套压表
故障原因
最终造成油压、套压平衡

处理方法

注水井处理故障时，应先进行倒流程、泄压，方可操作。

（1）套管阀门不严，应及时维修、更换套管阀门。

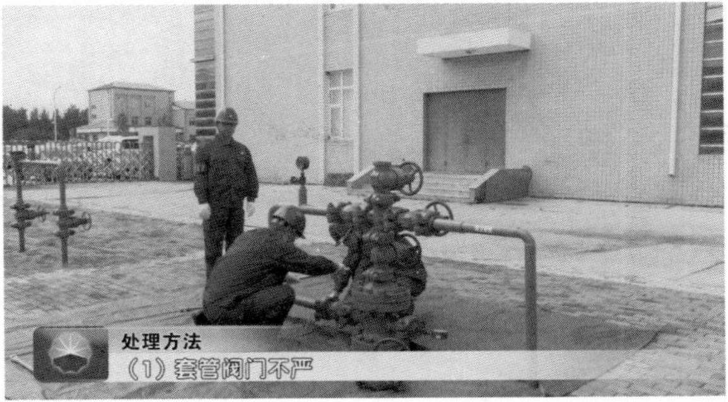

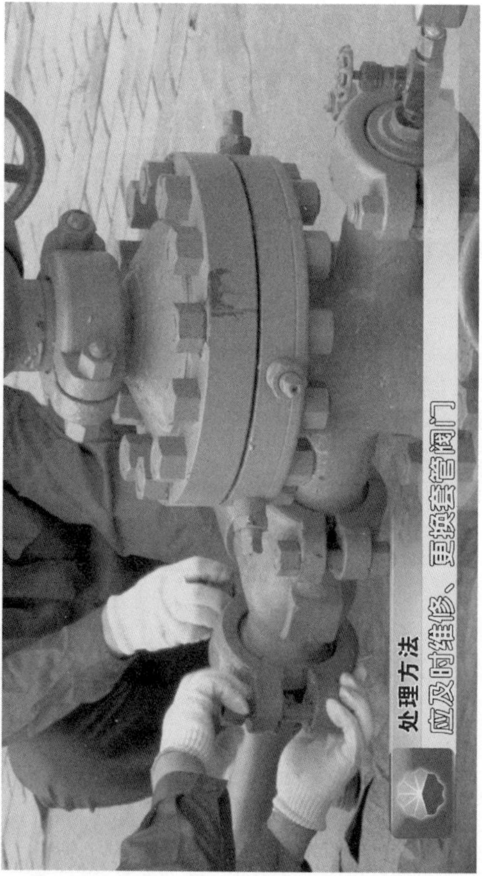
处理方法
应及时维修、更换套管阀门

（2）油管悬挂器密封圈损坏、油管漏失应及时作业更换。

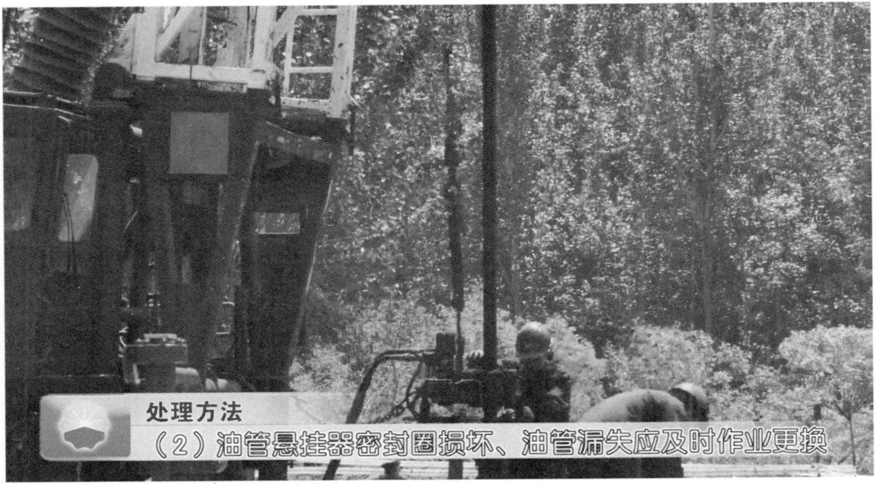
处理方法
（2）油管悬挂器密封圈损坏、油管漏失应及时作业更换

（3）由于封隔器不密封，需重新释放，如果仍不密封需作业更换。

处理方法
如果仍不密封需作业更换

试　题

一、选择题（不限单选）

1. 注水井在正常生产过程中（以正注流程为例），套压值（　）油压值。

A. 低于　　　　B. 高于

C. 等于　　　　D. 不小于

2. 当注水井（　）与油压值平衡时，影响分层注水井注水效果。

A. 套压突然降低　　B. 泵压突然升高

C. 套压逐渐升高　　D. 套压逐渐降低

3. 注水井注水时，由于套管阀门不严，注入水进入套管内，导致注水井（　）最终造成油压、套压平衡。

A. 油压上升　　　　B. 套压上升

C. 回压上升　　　　D. 套压下降

4. 注水井油压、套压平衡原因有：（　）、油管悬挂器密封圈破损、第一级封隔器以上油管漏失、第一级封隔器失效。

A. 生产阀门不严　　B. 总阀门不严

C. 套管阀门不严　　D. 测试阀门不严

5. 注水井由于油管悬挂器密封圈破损，（　）从油管悬挂器密封处窜入套管，导致油压、套压平衡。

A. 夹层水　　B. 注入水

C. 边水　　D. 底水

6. 注水井第一级封隔器以上（　），导致注水井油压、套压平衡。

A. 油管漏失　　B. 套管漏失

C. 配水器漏失　　D. 封隔器密封

二、判断题

1. 注水井由于第一层段以下封隔器失效，导致注水井套压升高，最终造成油压、套压平

衡。（ ）

2. 注水井套管阀门不严，应先进行倒流程、泄压，再维修、更换套管阀门。（ ）

3. 注水井油管悬挂器密封圈损坏、油管漏失应由采油队更换。（ ）

4. 由于封隔器不密封导致油压、套压平衡，重新释放，如果仍不密封需作业更换。（ ）

试题参考答案

一、选择题

题号	1	2	3	4	5	6
答案	A	C	B	C	B	A

二、判断题

题号	1	2	3	4
答案	×	√	×	√

《注水井生产故障分析与处理》

分册序号	分册书名
1	注水井井口装置渗漏故障及处理
2	注水井水表表芯停走故障及处理
3	注水井管线穿孔故障及处理
4	注水井油压升高故障及处理
5	注水井油压下降故障及处理
6	分层注水井油压、套压平衡故障及处理
7	注水井注水量上升故障及处理
8	注水井注水量下降故障及处理
9	注水井洗井不通故障及处理
10	注水井水表转动异常故障及处理
11	注水井取样阀门打不开故障及处理

采油工安全生产标准化操作丛书

中国石油人事部
中国石油勘探与生产分公司 编

注水井生产故障分析与处理 7

注水井注水量上升故障及处理

石油工業出版社

图书在版编目（CIP）数据

注水井生产故障分析与处理 / 中国石油人事部，中国石油勘探与生产分公司编 .—北京：石油工业出版社，2019.5

（采油工安全生产标准化操作丛书）

ISBN 978-7-5183-3245-8

Ⅰ. ①注… Ⅱ. ①中… ②中… Ⅲ. ①注水井管理 - 技术操作规程 Ⅳ. ① TE357.6-65

中国版本图书馆 CIP 数据核字（2019）第 049825 号

出版发行：石油工业出版社
（北京安定门外安华里 2 区 1 号楼 100011）
网　址：www.petropub.com
编辑部：（010）64210387
图书营销中心：（010）64523633

经　　销：全国新华书店

印　　刷：北京中石油彩色印刷有限责任公司

2019 年 5 月第 1 版　2019 年 5 月第 1 次印刷
880 × 1230 毫米　开本：1/64　印张：8.8125
字数：130 千字

定价：165.00 元（全 11 册）
（如出现印装质量问题，我社图书营销中心负责调换）

《采油工安全生产标准化操作丛书》
编　委　会

《注水井生产故障分析与处理 7 注水井注水量上升故障及处理》

编　委　会

主　编：吴　奇

副主编：闫琳琳　胡胜杰　王鹏飞

委　员：张春超　董敬宁　李雪莲

冯天成　丁洪涛　生凤英

李　贺　邹宏刚　吕庆东

韩旭龙　张云辉　付希庆

白丽君　郑海峰　王大一

开发单位

中国石油天然气股份有限公司勘探与生产分公司

大庆油田有限责任公司人事部（党委组织部）

大庆油田有限责任公司开发部

大庆油田有限责任公司质量安全环保部

大庆油田有限责任公司第二采油厂

大庆油田有限责任公司第四采油厂

大庆油田有限责任公司第六采油厂

大庆油田有限责任公司文化集团

大庆油田有限责任公司人才开发院

大庆油田有限责任公司大庆医学高等专科学校

合作单位

长庆油田分公司

辽河油田分公司

新疆油田分公司

大港油田分公司

华北油田分公司

石油工业出版社

Foreword 序

“求木之长者，必固其根本；欲流之远者，必浚其泉源。”2017 年，党中央、国务院印发了《新时期产业工人队伍建设改革方案》，明确指出，产业工人是工人阶级中发挥支撑作用的主体力量，是创造社会财富的中坚力量，是创新驱动发展的骨干力量，是实施制造强国战略的有生力量。同时提出，要造就一支有理想守信念、懂技术会创新、敢担当讲奉献的宏大的产业工人队伍。这充分体现了党和国家对产业工人队伍建设的关心支持。

中国石油牢固树立以人为本、质量至上、安全第一、环保优先的理念，坚持施行标准化操作作为保证安全生产、深化精细管理、实现

企业内涵发展的重要支撑。中国石油将提升员工技能水平作为抓好产业工人队伍建设的主攻方向，把标准化操作固化成基层单位和干部职工尤其是新员工的行为准则和工作标准，牢固树立“上标准岗、干标准活”的工作意识和理念，形成人人讲安全、人人会安全、人人都安全的良好局面。

守正笃实，久久为功。提升员工技能操作水平是一项长期而艰巨的任务，完善标准是基础，加强领导是保障，优化执行是根本。这需要大家积极推广标准化操作工作，不断加强和改进操作流程与标准，不断规范与完善标准化操作，引导广大员工全面提升对标准化操作的认知度，全面提升标准化操作执行力，规范本质化安全行为，推进各项工作上水平。

中国石油人事部和中国石油勘探与生产分公司共同组织编写的《采油工安全生产标准化

操作丛书》及配套的视频课件，包含中国石油各油气田单位通用性的140个基本操作，具有开发标准高、内容全面、注重安全风险、应用范围广、培训效果突出等方面优点。相对应的视频课件利用三维动画技术，通过分解、剖切等方式展示常规不可见的设备内部结构，让员工学习起来更加直观，是一套“看得懂、学得会、易掌握”的实用教材，真正做到了将“技术有形化”，填补了中国石油安全生产操作培训课件方面的空白，为进一步提升操作员工整体素质提供有力支撑。

目前，跨国公司员工培训已经进入了“互联网+培训”的员工混合式培训阶段，以多终端应用设备为载体，展现多种资源，结合线下培训和社区化学习模式，以网络化应用进行培训评估，实现可规划路径的人才发展优化培训。这套丛书从生产实际出发，以满足需求为导向，

以促进员工养成标准化操作习惯为目标，实践性和针对性都很强。同时，大批专家的参与写作使教材的权威性有了保证。丛书配套的视频课件可以满足石油员工远程移动学习，也可以满足员工单机高清自学和集中学习。这样就形成了三位一体的员工培训模式，逐步迈入员工混合式培训阶段。希望这套丛书的出版发行，能为促进中国石油员工培训工作的深入开展，为促进员工操作技能水平的不断提升，为推动油气主业高质量发展，为实现中国石油建成世界一流综合性国际能源公司作出积极贡献。

中国石油天然气集团有限公司
总经理助理、人事部总经理 刘志华

PREFACE 前言

采油工是油田企业主体关键工种之一，在中国石油操作类员工中占比较大，采油工技能水平的高低，对油田的安全平稳生产起到至关重要的作用。为进一步提高采油工的基本素质和业务技能水平，中国石油人事部和中国石油勘探与生产分公司于 2016 年联合启动了采油工安全生产标准化操作视频培训课件开发项目，成立了课件编委会，委托大庆油田公司负责课件具体编制工作，并确定长庆、辽河、新疆、大港、华北 5 家油田公司和石油工业出版社，共同配合大庆油田做好视频培训课件编制工作。

课件开发过程中，大庆油田高度重视，按照“实际、实用、实效”的原则，专门成立了

课件开发工作领导组，组织公司人事部、开发部、安全环保部、第二采油厂、第四采油厂等9个部门和二级单位共同参与，共计抽调了100余名专家参与项目的研发设计。勘探与生产分公司加强过程监督和质量把控，针对开发方案、课件脚本、制作标准、课件样片等内容，按照不同工作节点先后组织三次大的集中审核会议，邀请中国石油各油田行业专家建言献策，为提高课件的通用性和实用性奠定坚实基础。大庆油田按照总体工作要求，历时两年，完成了视频培训课件的编制任务，并同步完成《采油工安全生产标准化操作丛书》的编写工作。本套丛书紧贴油田生产实际，以采油工岗位职责为依据，包含《安全防护用具使用》《工具、用具、量具使用》《采油工艺简介》《抽油机井标准化操作》《电动潜油泵井标准化操作》《电动螺杆泵井标准化操作》《注水井标准化操作》

《计量间标准化操作》《抽油机井生产故障分析与处理》《电动潜油泵井生产故障分析与处理》《电动螺杆泵井生产故障分析与处理》《注水井生产故障分析与处理》《计量间生产故障分析与处理》《现场应急救护》，共 14 种 140 个分册。本套丛书具有突出的实用性和规范性特点，可广泛用于新员工岗前培训、日常岗位练兵、鉴定考前培训、师徒帮带、技能竞赛等学习培训活动。

希望本套丛书能够为各石油企业提供借鉴，为今后采油工岗位培训的扎实有效开展提供有力保障。由于各油田在采油工艺、设备等方面存在差异性，书中难免有不足之处，敬请读者批评指正。

编者

2018 年 8 月

CONTENTS 目录

故障现象

注水井生产过程中，应严格按配注方案注水。当注水量高于上限合理波动范围，使注水井不能按配注方案注水。

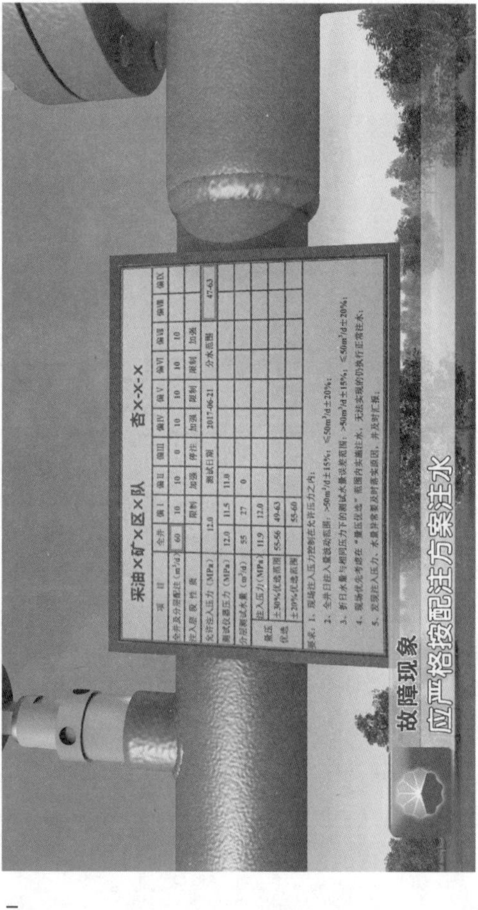
采油×矿×区×队
杏×-×-×
故障现象
应严格按配注方案注水

故障现象
当注水量高于上限合理波动范围

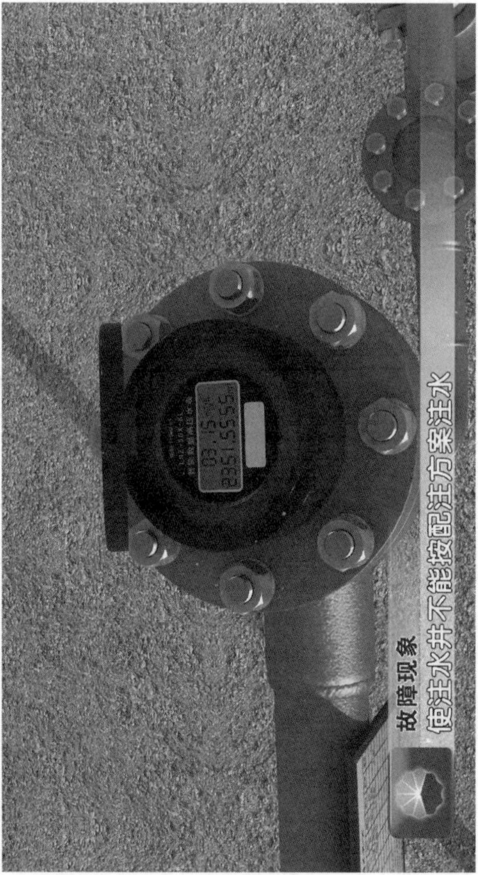
故障现象
使注水井不能按配注方案注水

故障原因

（1）造成注水井水量上升的地面设备影响因素。

①干式水表出现故障，造成记录数值偏高。

03.15
2351.5554
故障原因
①干式水表出现故障，造成记录数值偏高

②地面管线在水表下流方向穿孔，会导致注水量上升。

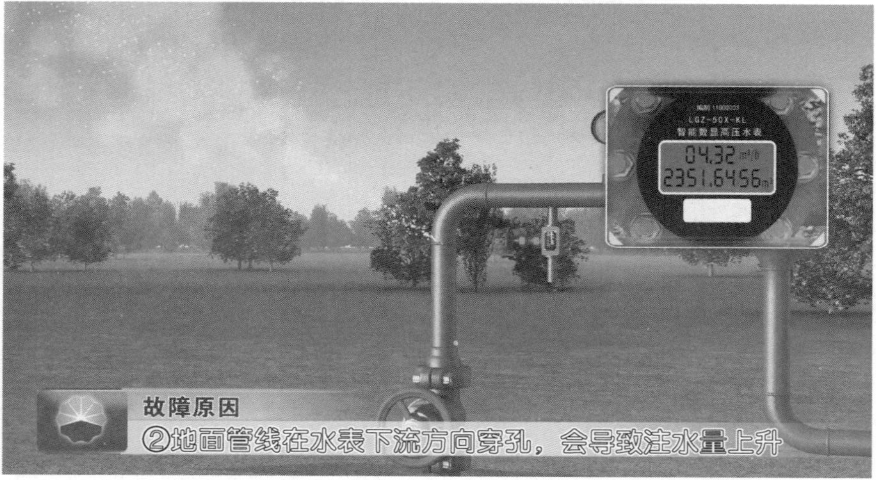

（2）造成注水井水量上升井下设备的影响因素。

①注水过程中井下水嘴刺大或脱落，注水量上升。

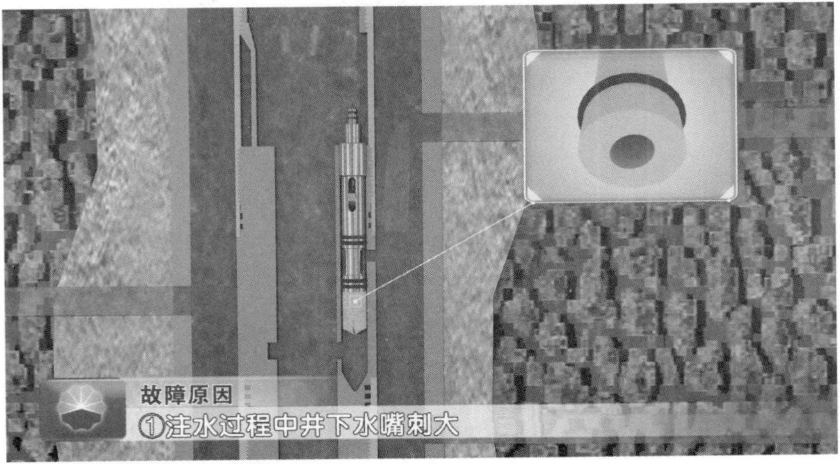

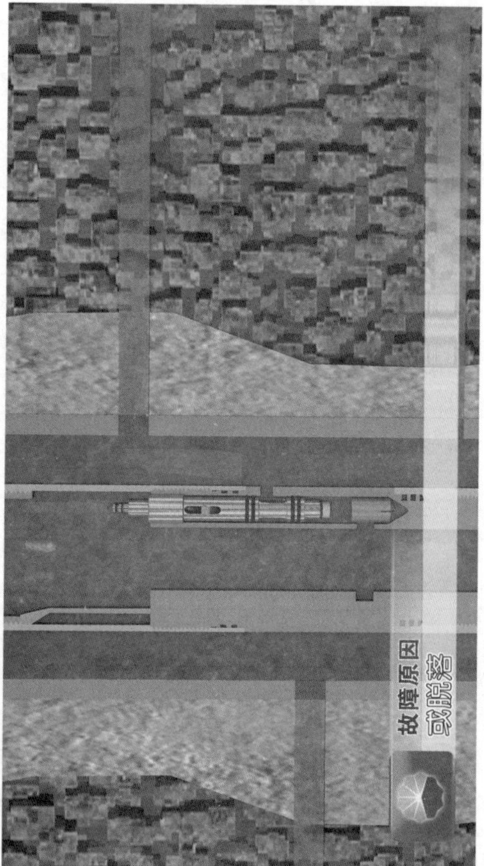
故障原因
或脱落

故障原因
注水量上升

②油管腐蚀、螺纹损坏造成刺漏或油管脱落，导致注水量上升。

故障原因
或油管脱落，导致注水量上升

③由于腐蚀或被脏物卡住等原因造成底部挡球密封不严，注水量上升。

故障原因
③由于腐蚀或被脏物卡住等原因造成底部挡球密封不严

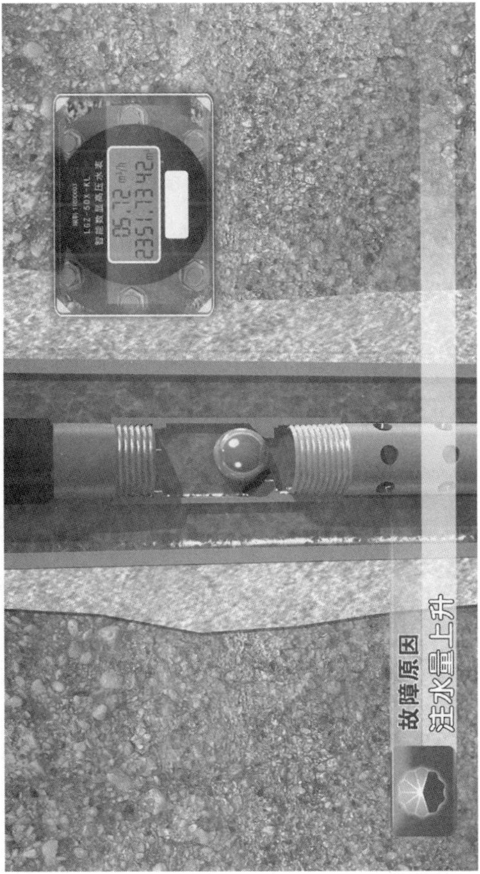
智能数显高压水表
LGZ-50X-KL
故障原因
注水量上升

④由于封隔器胶筒破裂、变形等原因导致封隔器失效，造成注水量上升。

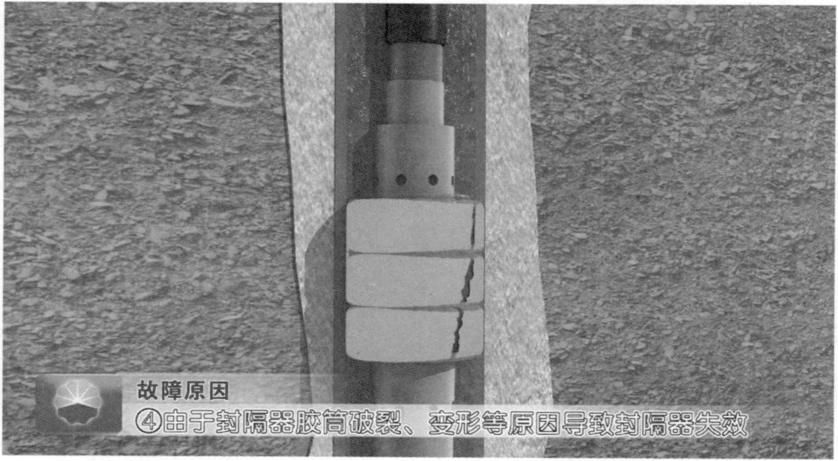
故障原因
④由于封隔器胶筒破裂、变形等原因导致封隔器失效

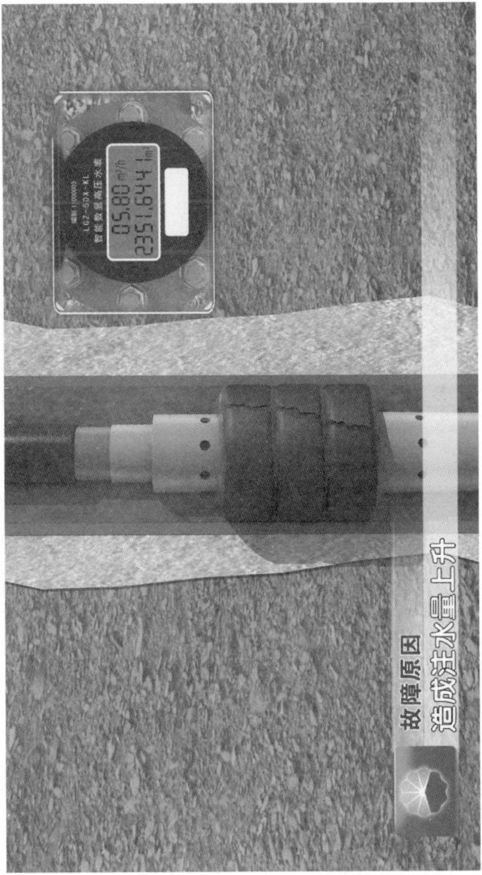
LGZ-50X-KL
智能数显高压注水表
05.80 m³/h
2351.644 m³
故障原因
造成注水量上升

⑤固井质量不合格导致管外水泥窜槽，造成注水量上升。

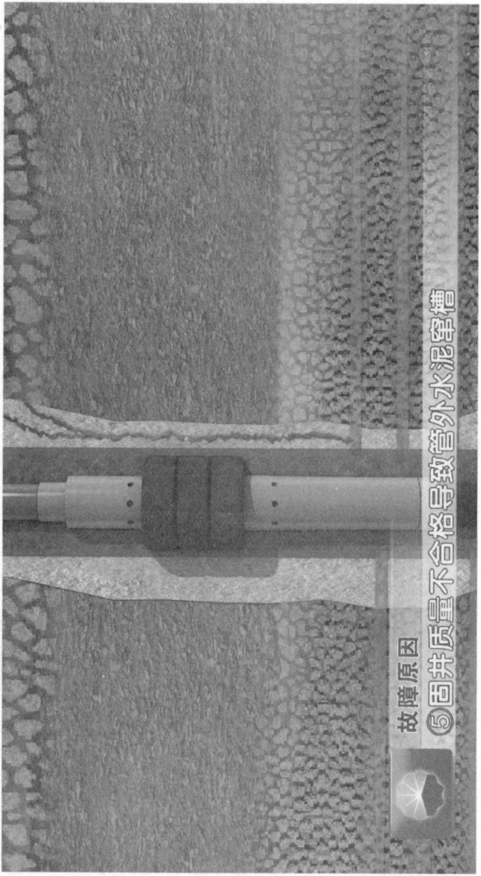
故障原因
⑤固井质量不合格导致管外水泥窜槽

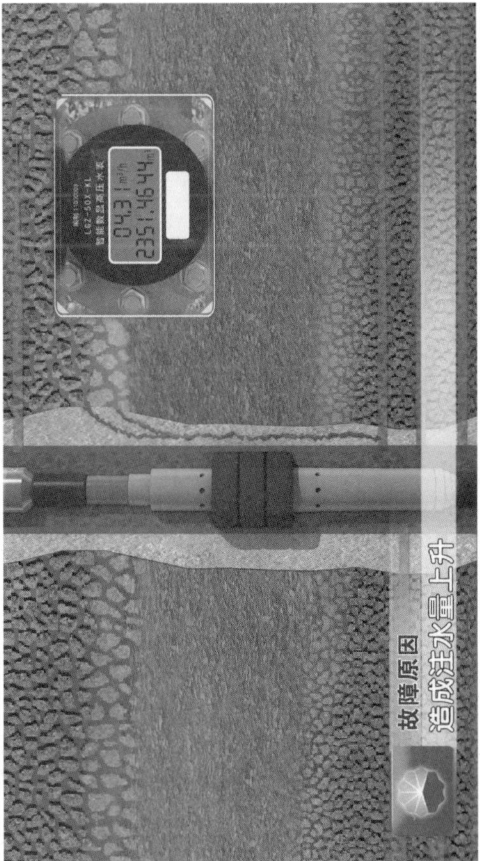
LGZ-50X-KL
智能数显高压水表
故障原因
造成注水量上升

⑥当井下套管损坏破裂，注入水从套管破裂处进入地层，使注水量上升。

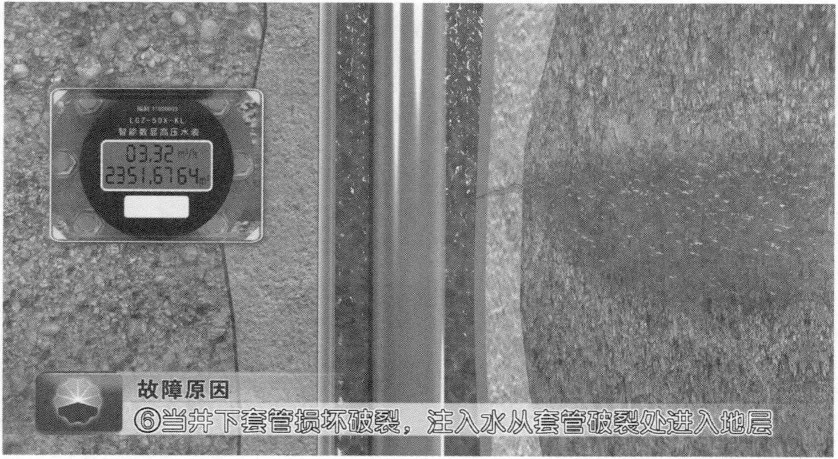

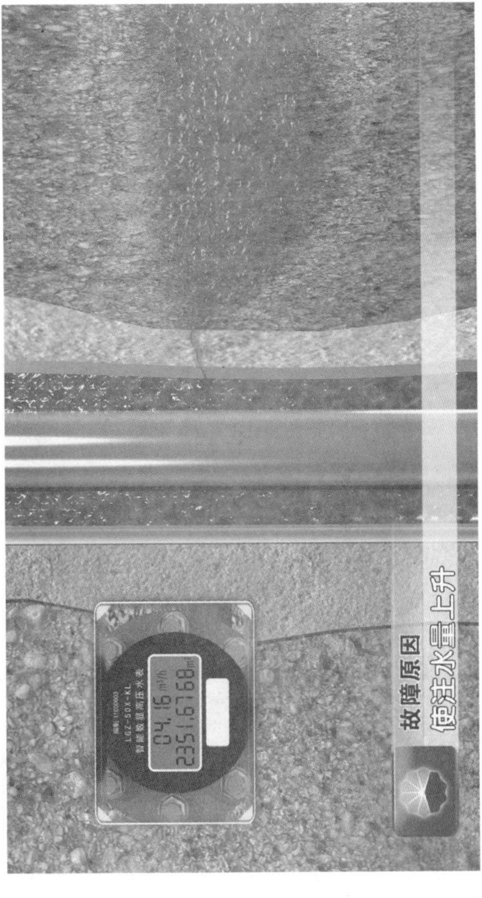
LGZ-50X-KL
智能数显高压水表
04.16
2351.6768
故障原因
使注水量上升

（3）造成注水井水量上升地层的影响因素。

①地层中的一些微裂缝，在提高注水压力后开始吸水，导致水量上升。

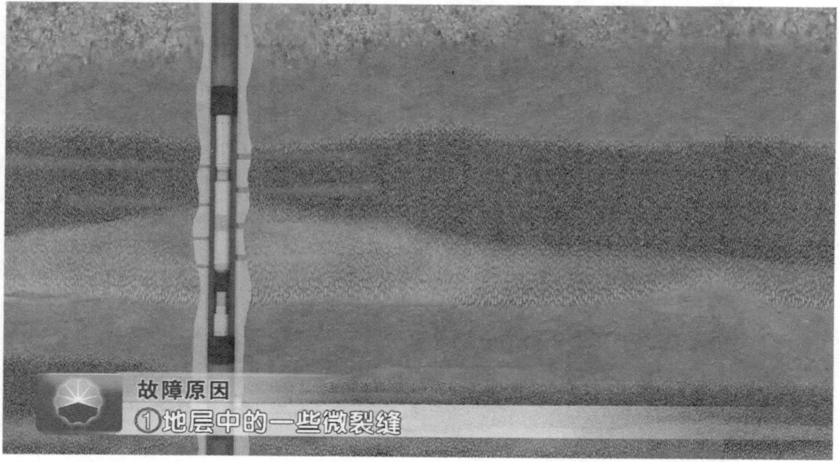

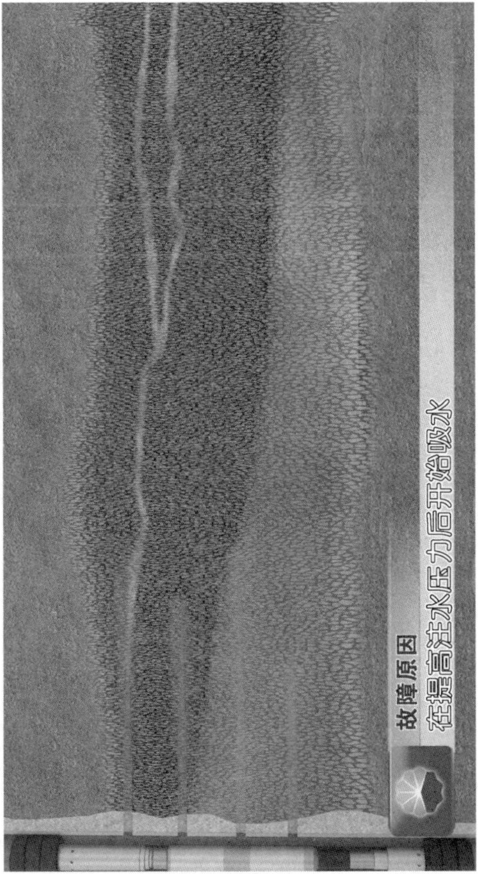
故障原因
在提高注水压力后开始吸水

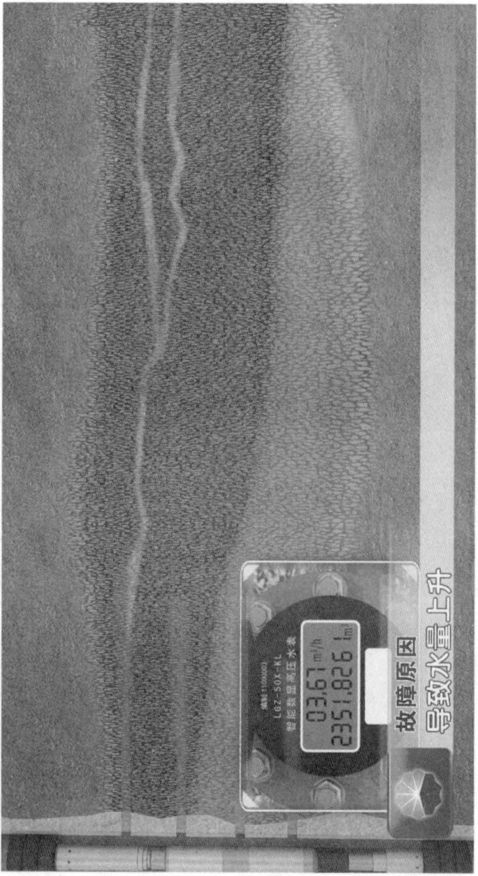
LGZ-50X-KL
智能数显高压水表
03.67
2351.826
故障原因
导致水量上升

②与注水井连通油井采取增产措施后，使油层压力下降，减少了注入阻力，导致注水量上升。

故障原因
②与注水井连通油井采取增产措施后

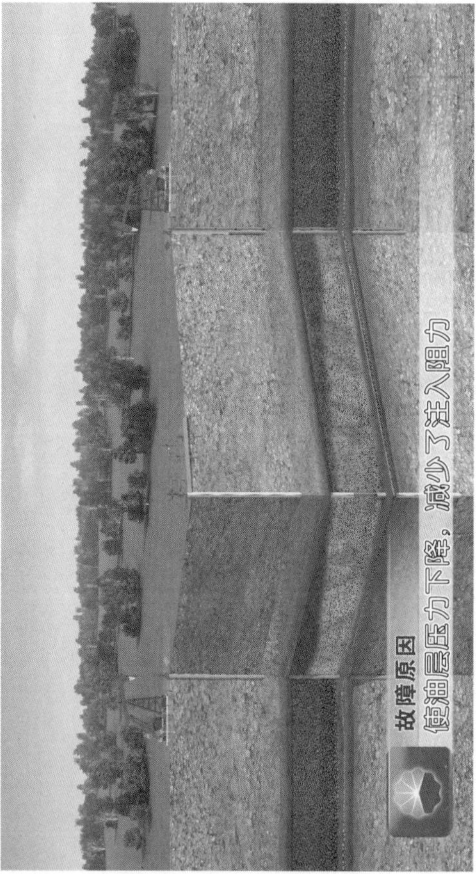
故障原因
使油层压力下降，减少了注入阻力

故障原因
导致注水量上升

③注水层段出现水淹状态，导致注水井注水量上升。

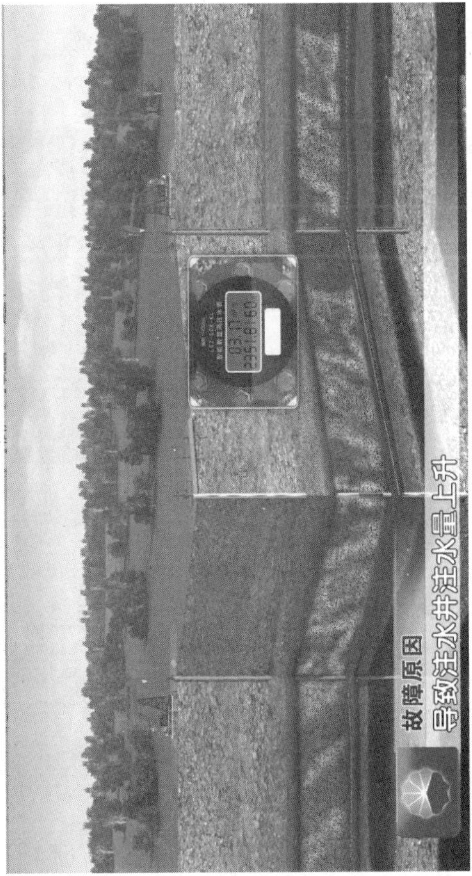
故障原因
导致注水井注水量上升

处理方法

注水井处理故障时，应先进行倒流程、泄压，方可操作。

（1）干式水表出现故障，应及时检修或更换。

处理方法
（1）干式水表出现故障，应及时检修或更换

（2）地面管线穿孔，应及时对穿孔管线进行补焊。

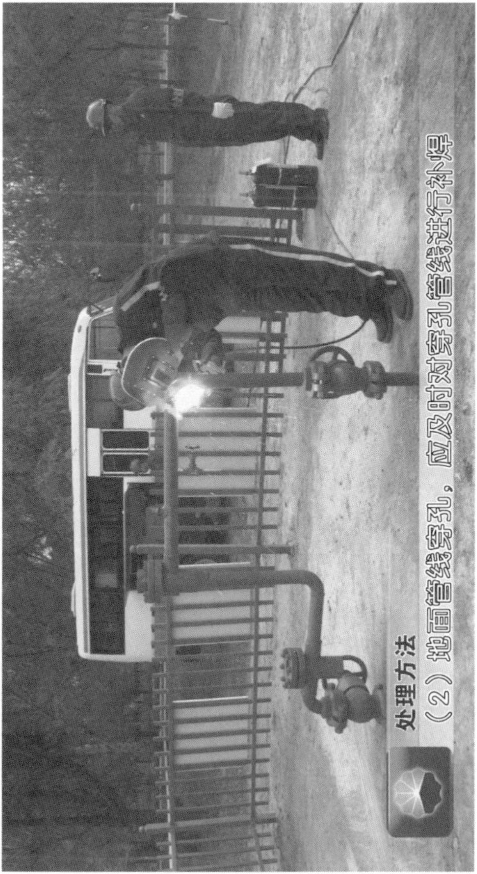
处理方法
（2）地面管线穿孔，应及时对穿孔管线进行补焊

（3）井下水嘴刺大或脱落时，进行测试更换水嘴。

非工作人员禁止入内
处理方法
（3）井下水嘴刺大或脱落时，进行测试更换水嘴

（4）油管漏或脱落、底部挡球密封不严、封隔器失效时，进行作业处理。

处理方法
（4）油管漏或脱落、底部挡球密封不严、封隔器失效时

处理方法
进行作业处理

（5）当套管破裂、管外水泥窜槽时，进行大修作业处理。

处理方法
进行大修作业处理

（6）由于地层因素造成的注水量上升，要进行综合分析，采取测试调整，作业封堵等相应措施。

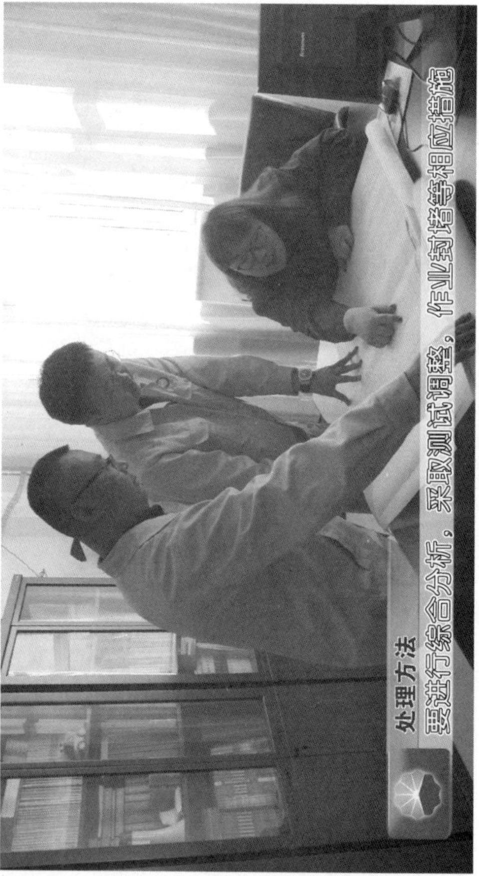
处理方法
要进行综合分析，采取测试调整，作业封堵等相应措施

试　题

一、选择题（不限单选）

1. 注水井地面管线在水表下流方向穿孔，会导致（　）。

A. 注水量上升　　B. 套压升高

C. 油压升高　　D. 泵压升高

2. 与注水井连通油井采取（　）后，使油层压力下降，减少了注入阻力，导致注水量上升。

A. 堵水措施　　B. 换小泵措施

C. 调小冲次　　D. 增产措施

3. 注水井地层中的一些微裂缝，在（　）提高后，开始吸水，导致注水井水量上升。

A. 泵站压力　　B. 注水压力

C. 油层压力　　D. 套管压力

4. 造成注水井水量上升，属于（　）的影响因素有油管漏失、底部挡球密封不严、封隔器失效、管外水泥窜槽等。

A. 地面设备　　B. 井下设备

C. 井口设备　　D. 地层

5. 注水井注水过程中井下水嘴刺大或脱落，导致注水量上升，应进行（　）水嘴。

A. 洗井冲洗　　B. 作业更换

C. 维修　　D. 测试更换

二、判断题

1. 注水井应严格按配注方案注水。当注水量高于上限合理波动范围，使注水井不能按配注方案注水。（　）

2. 注水井注水层段出现水淹状态，导致注水井注水量下降。（　）

3. 注水井由于地层因素造成的注水量上升，要进行综合分析，采取测试调整，压裂酸化等相应措施。（　）

4. 注水井油管漏或脱落、封隔器失效时，应进行作业处理。（ ）

试题参考答案

一、选择题

题号	1	2	3	4	5
答案	A	D	B	B	D

二、判断题

题号	1	2	3	4
答案	√	×	×	√

《注水井生产故障分析与处理》

分册序号	分册书名
1	注水井井口装置渗漏故障及处理
2	注水井水表表芯停走故障及处理
3	注水井管线穿孔故障及处理
4	注水井油压升高故障及处理
5	注水井油压下降故障及处理
6	分层注水井油压、套压平衡故障及处理
7	注水井注水量上升故障及处理
8	注水井注水量下降故障及处理
9	注水井洗井不通故障及处理
10	注水井水表转动异常故障及处理
11	注水井取样阀门打不开故障及处理

采油工安全生产标准化操作丛书

中国石油人事部
中国石油勘探与生产分公司 编

注水井生产故障分析与处理 8

注水井注水量下降故障及处理

石油工业出版社

图书在版编目（CIP）数据

注水井生产故障分析与处理 / 中国石油人事部，中国石油勘探与生产分公司编 .—北京：石油工业出版社，2019.5
（采油工安全生产标准化操作丛书）
ISBN 978-7-5183-3245-8

Ⅰ. ①注…　Ⅱ. ①中…　②中…　Ⅲ. ①注水井管理 - 技术操作规程　Ⅳ. ① TE357.6-65

中国版本图书馆 CIP 数据核字（2019）第 049825 号

出版发行：石油工业出版社
（北京安定门外安华里 2 区 1 号楼 100011）
网　址：www.petropub.com
编辑部：（010）64210387
图书营销中心：（010）64523633
经　　销：全国新华书店
印　　刷：北京中石油彩色印刷有限责任公司

2019 年 5 月第 1 版　2019 年 5 月第 1 次印刷
880×1230 毫米　开本：1/64　印张：8.8125
字数：130 千字

定价：165.00 元（全 11 册）
（如出现印装质量问题，我社图书营销中心负责调换）

《采油工安全生产标准化操作丛书》

编　委　会

《注水井生产故障分析与处理 8 注水井注水量下降故障及处理》
编 委 会

开发单位

中国石油天然气股份有限公司勘探与生产分公司

大庆油田有限责任公司人事部（党委组织部）

大庆油田有限责任公司开发部

大庆油田有限责任公司质量安全环保部

大庆油田有限责任公司第二采油厂

大庆油田有限责任公司第四采油厂

大庆油田有限责任公司第六采油厂

大庆油田有限责任公司文化集团

大庆油田有限责任公司人才开发院

大庆油田有限责任公司大庆医学高等专科学校

合作单位

长庆油田分公司

辽河油田分公司

新疆油田分公司

大港油田分公司

华北油田分公司

石油工业出版社

FOREWORD 序

"求木之长者，必固其根本；欲流之远者，必浚其泉源。"2017年，党中央、国务院印发了《新时期产业工人队伍建设改革方案》，明确指出，产业工人是工人阶级中发挥支撑作用的主体力量，是创造社会财富的中坚力量，是创新驱动发展的骨干力量，是实施制造强国战略的有生力量。同时提出，要造就一支有理想守信念、懂技术会创新、敢担当讲奉献的宏大的产业工人队伍。这充分体现了党和国家对产业工人队伍建设的关心支持。

中国石油牢固树立以人为本、质量至上、安全第一、环保优先的理念，坚持施行标准化操作作为保证安全生产、深化精细管理、实现

企业内涵发展的重要支撑。中国石油将提升员工技能水平作为抓好产业工人队伍建设的主攻方向，把标准化操作固化成基层单位和干部职工尤其是新员工的行为准则和工作标准，牢固树立“上标准岗、干标准活”的工作意识和理念，形成人人讲安全、人人会安全、人人都安全的良好局面。

守正笃实，久久为功。提升员工技能操作水平是一项长期而艰巨的任务，完善标准是基础，加强领导是保障，优化执行是根本。这需要大家积极推广标准化操作工作，不断加强和改进操作流程与标准，不断规范与完善标准化操作，引导广大员工全面提升对标准化操作的认知度，全面提升标准化操作执行力，规范本质化安全行为，推进各项工作上水平。

中国石油人事部和中国石油勘探与生产分公司共同组织编写的《采油工安全生产标准化

操作丛书》及配套的视频课件，包含中国石油各油气田单位通用性的140个基本操作，具有开发标准高、内容全面、注重安全风险、应用范围广、培训效果突出等方面优点。相对应的视频课件利用三维动画技术，通过分解、剖切等方式展示常规不可见的设备内部结构，让员工学习起来更加直观，是一套“看得懂、学得会、易掌握”的实用教材，真正做到了将“技术有形化”，填补了中国石油安全生产操作培训课件方面的空白，为进一步提升操作员工整体素质提供有力支撑。

目前，跨国公司员工培训已经进入了“互联网+培训”的员工混合式培训阶段，以多终端应用设备为载体，展现多种资源，结合线下培训和社区化学习模式，以网络化应用进行培训评估，实现可规划路径的人才发展优化培训。这套丛书从生产实际出发，以满足需求为导向，

以促进员工养成标准化操作习惯为目标，实践性和针对性都很强。同时，大批专家的参与写作使教材的权威性有了保证。丛书配套的视频课件可以满足石油员工远程移动学习，也可以满足员工单机高清自学和集中学习。这样就形成了三位一体的员工培训模式，逐步迈入员工混合式培训阶段。希望这套丛书的出版发行，能为促进中国石油员工培训工作的深入开展，为促进员工操作技能水平的不断提升，为推动油气主业高质量发展，为实现中国石油建成世界一流综合性国际能源公司作出积极贡献。

中国石油天然气集团有限公司
总经理助理、人事部总经理 刘志华

PREFACE 前言

采油工是油田企业主体关键工种之一，在中国石油操作类员工中占比较大，采油工技能水平的高低，对油田的安全平稳生产起到至关重要的作用。为进一步提高采油工的基本素质和业务技能水平，中国石油人事部和中国石油勘探与生产分公司于 2016 年联合启动了采油工安全生产标准化操作视频培训课件开发项目，成立了课件编委会，委托大庆油田公司负责课件具体编制工作，并确定长庆、辽河、新疆、大港、华北 5 家油田公司和石油工业出版社，共同配合大庆油田做好视频培训课件编制工作。

课件开发过程中，大庆油田高度重视，按照“实际、实用、实效”的原则，专门成立了

课件开发工作领导组，组织公司人事部、开发部、安全环保部、第二采油厂、第四采油厂等9个部门和二级单位共同参与，共计抽调了100余名专家参与项目的研发设计。勘探与生产分公司加强过程监督和质量把控,针对开发方案、课件脚本、制作标准、课件样片等内容，按照不同工作节点先后组织三次大的集中审核会议，邀请中国石油各油田行业专家建言献策，为提高课件的通用性和实用性奠定坚实基础。大庆油田按照总体工作要求，历时两年，完成了视频培训课件的编制任务，并同步完成《采油工安全生产标准化操作丛书》的编写工作。本套丛书紧贴油田生产实际，以采油工岗位职责为依据，包含《安全防护用具使用》《工具、用具、量具使用》《采油工艺简介》《抽油机井标准化操作》《电动潜油泵井标准化操作》《电动螺杆泵井标准化操作》《注水井标准化操作》

《计量间标准化操作》《抽油机井生产故障分析与处理》《电动潜油泵井生产故障分析与处理》《电动螺杆泵井生产故障分析与处理》《注水井生产故障分析与处理》《计量间生产故障分析与处理》《现场应急救护》，共14种140个分册。本套丛书具有突出的实用性和规范性特点，可广泛用于新员工岗前培训、日常岗位练兵、鉴定考前培训、师徒帮带、技能竞赛等学习培训活动。

希望本套丛书能够为各石油企业提供借鉴，为今后采油工岗位培训的扎实有效开展提供有力保障。由于各油田在采油工艺、设备等方面存在差异性，书中难免有不足之处，敬请读者批评指正。

编者

2018年8月

CONTENTS 目录

故障现象

注水井在正常生产过程中，应严格按照配注方案注水。当注水量低于允许波动范围时，导致注水井完不成配注方案。

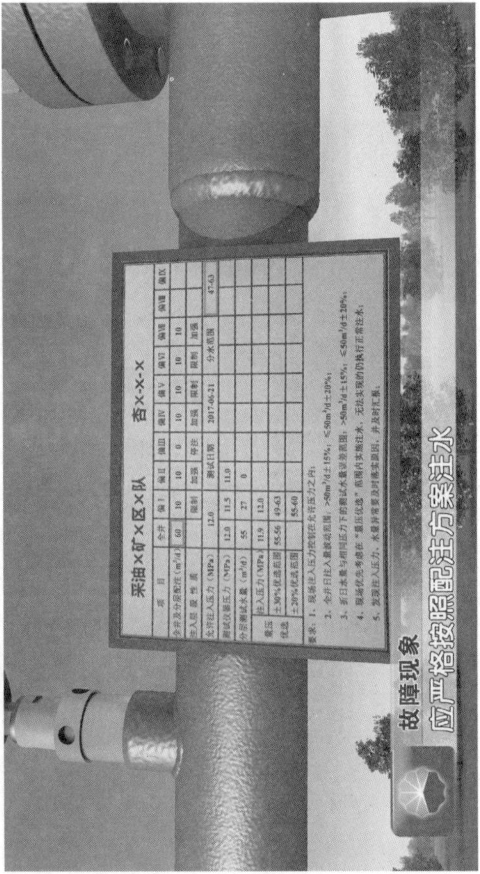
采油×矿×区×队　　杏×-×-×
要求：1、现场注入压力控制在允许压力之内；
2、全井日注入量波动范围：>50m³/d±15%；≤50m³/d±20%；
3、折日水量与相同压力下的测试水量误差范围：>50m³/d±15%；≤50m³/d±20%；
4、现场优先考虑在“最压优选”范围内实施注水，无法实现的仍执行正常注水；
5、发现注入压力、水量异常要及时落实原因，并及时汇报；
故障现象
应严格按照配注方案注水

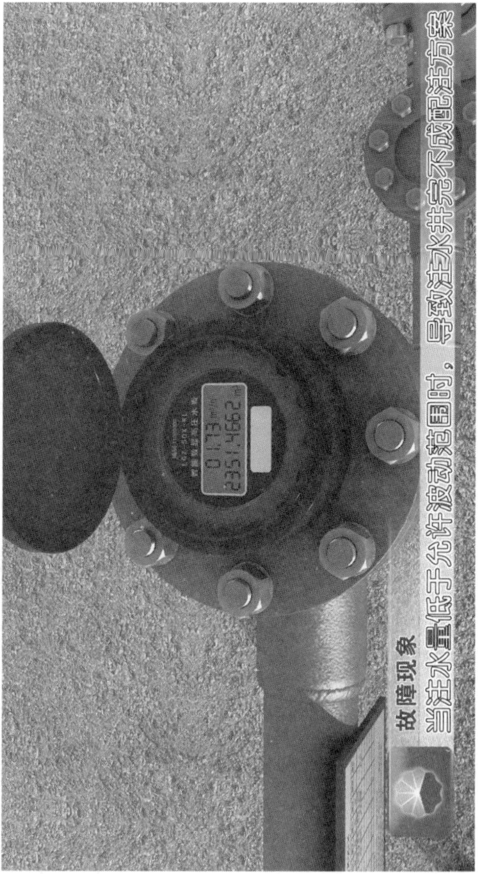
故障现象
当注水量低于允许波动范围时，导致注水井完不成配注方案

故障原因

（1）注水井注水量下降，低于允许波动范围的地面设备因素有：

①管线泄漏，引起泵压（注水站来水压力）降低，导致注水井注水量下降。

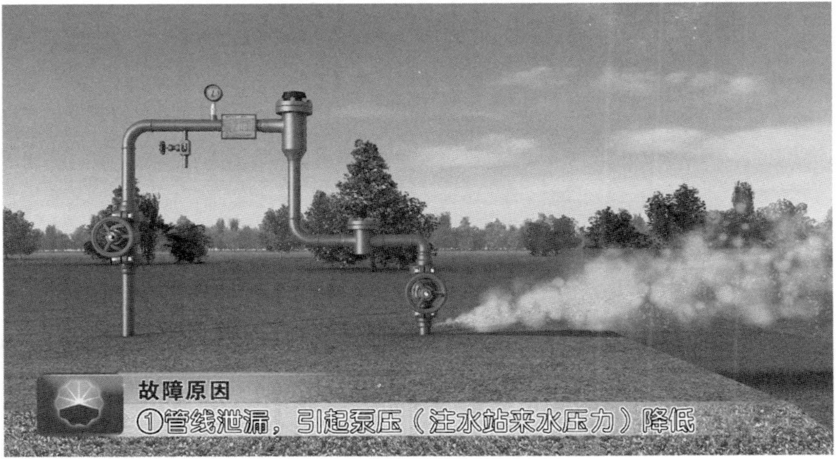
故障原因
①管线泄漏，引起泵压（注水站来水压力）降低

故障原因
导致注水井注水量下降

②干式水表出现故障，造成计量数值偏低。

故障原因
造成计量数值偏低

③管线结垢，使管径变细，导致注水井注水量下降。

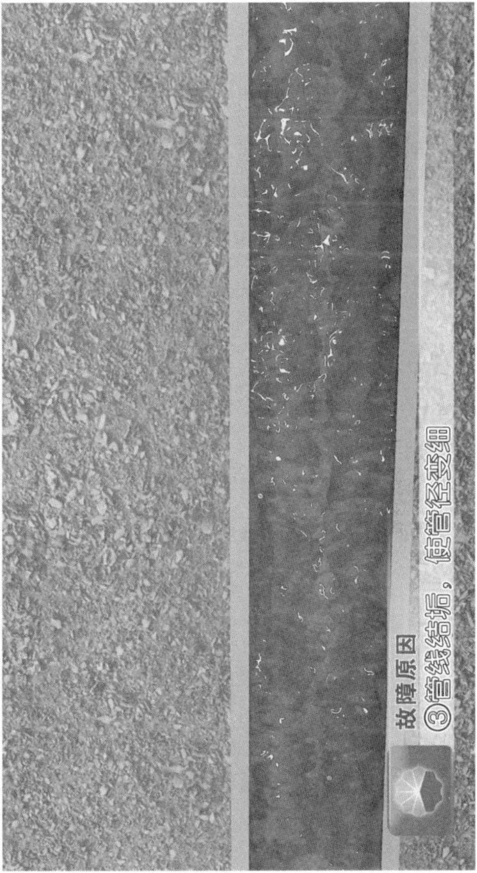

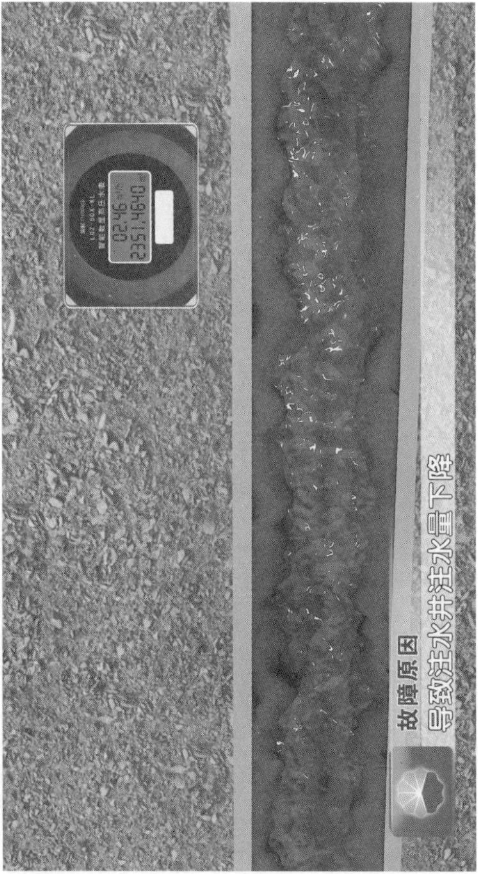
故障原因
导致注水井注水量下降

④注水流程中总阀门、生产阀门、注水上流阀门、注水下流阀门闸板脱落，阻挡流体通道，导致注水井注水量下降。

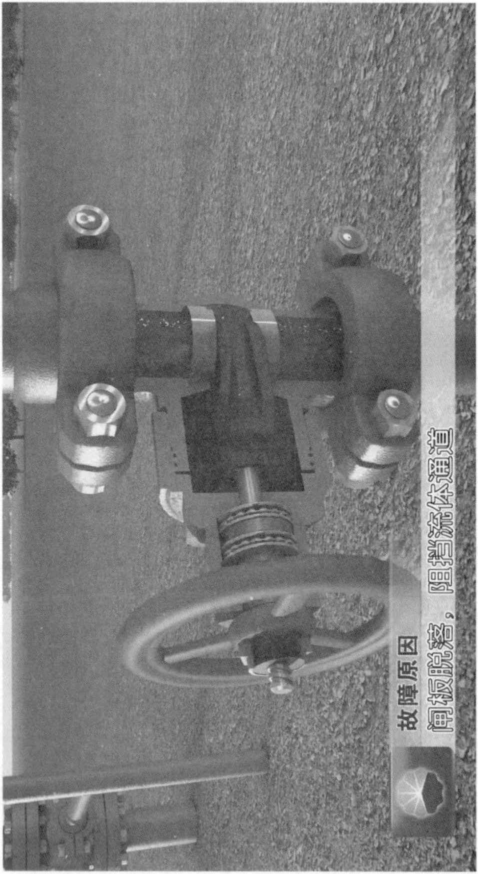
故障原因
闸板脱落，阻挡流体通道

故障原因
导致注水井注水量下降

（2）注水井注水量下降的井下工具因素有：

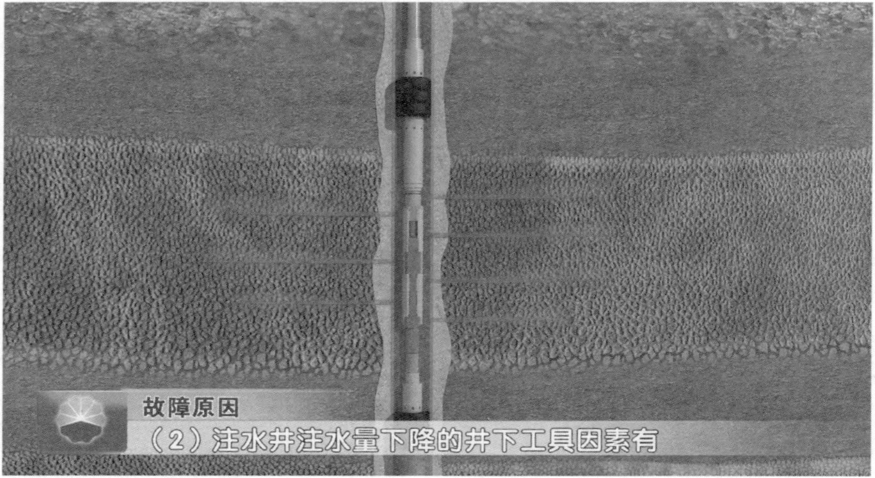
故障原因
（2）注水井注水量下降的井下工具因素有

注水井在注水时，由于水中含有杂质，堵塞了井下滤网、水嘴，使注入水流动阻力增大，导致注水井注水量下降。

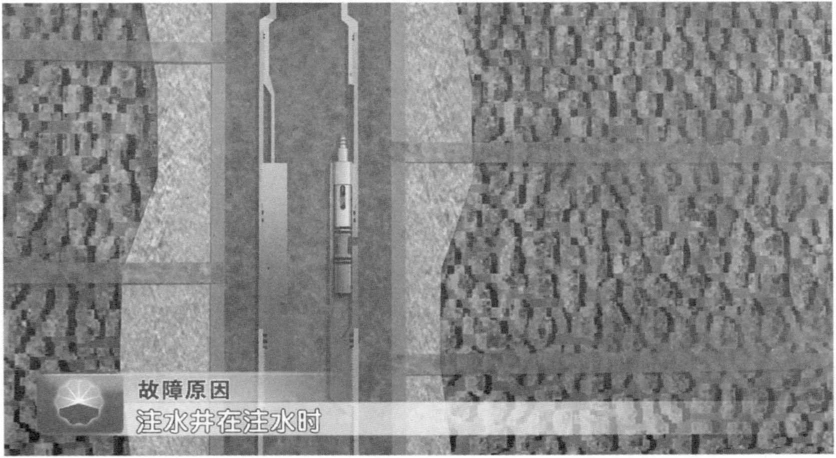

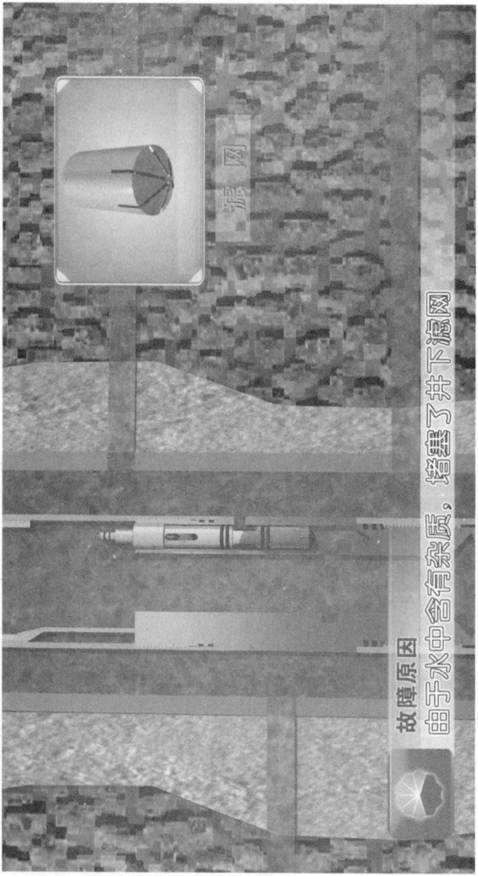
滤网
故障原因
由于水中含有杂质，堵塞了井下滤网

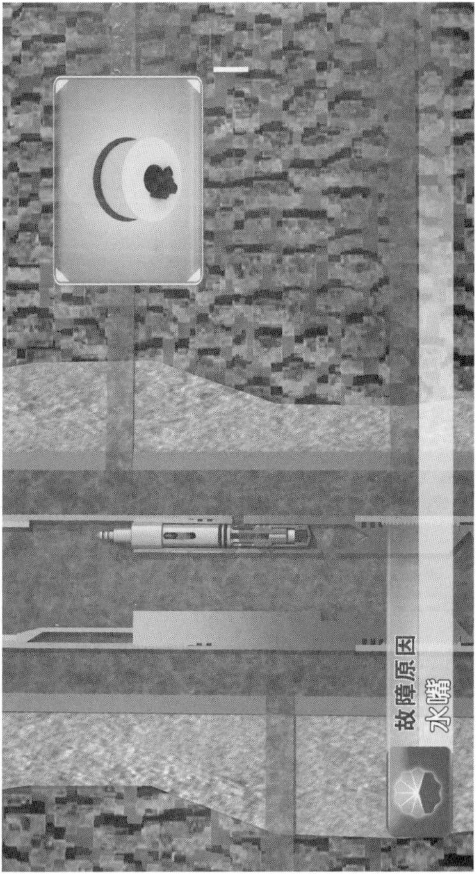
故障原因
水嘴

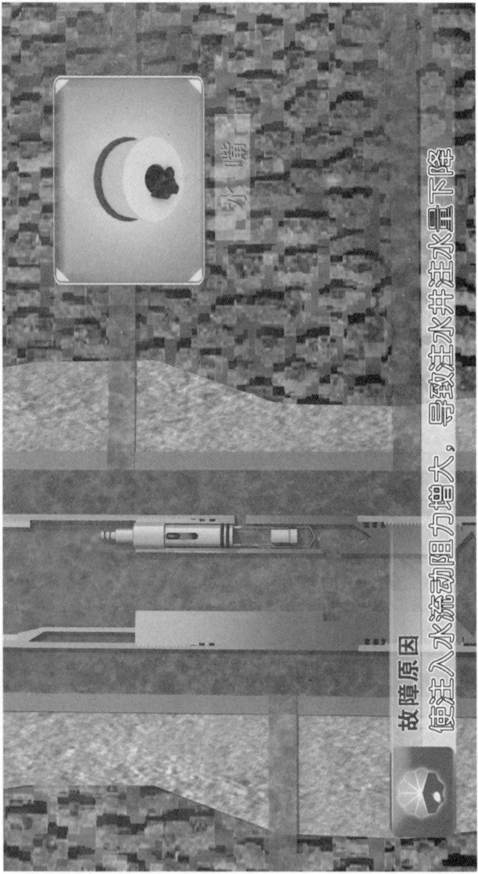
故障原因
使注入水流动阻力增大，导致注水井注水量下降

（3）引起注水量下降的油层影响因素有：

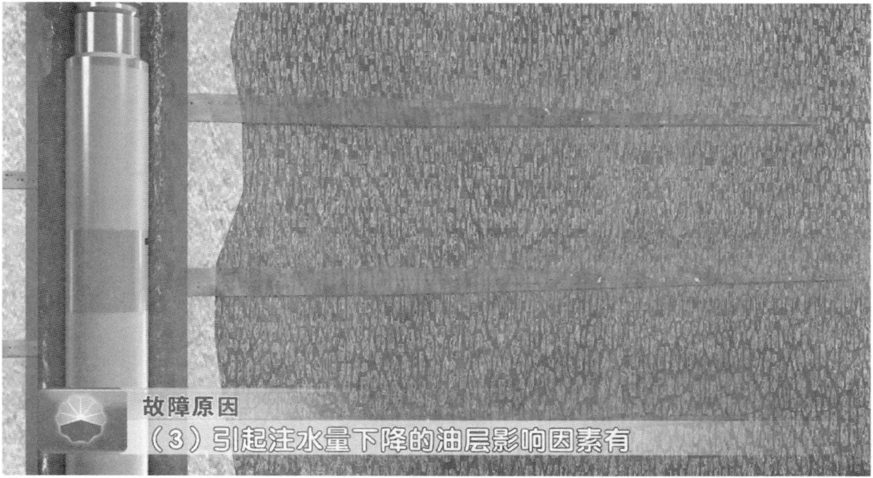
故障原因
（3）引起注水量下降的油层影响因素有

①注入水水质不合格，堵塞油层孔道，造成油层吸水能力下降，导致注水井注水量下降。

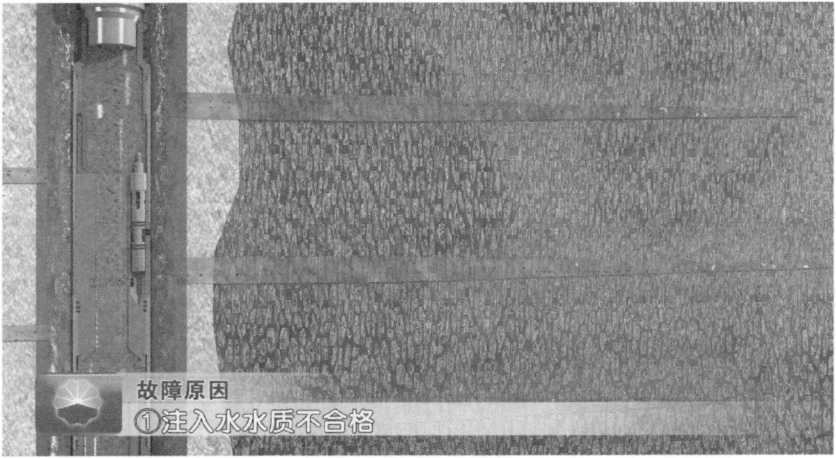

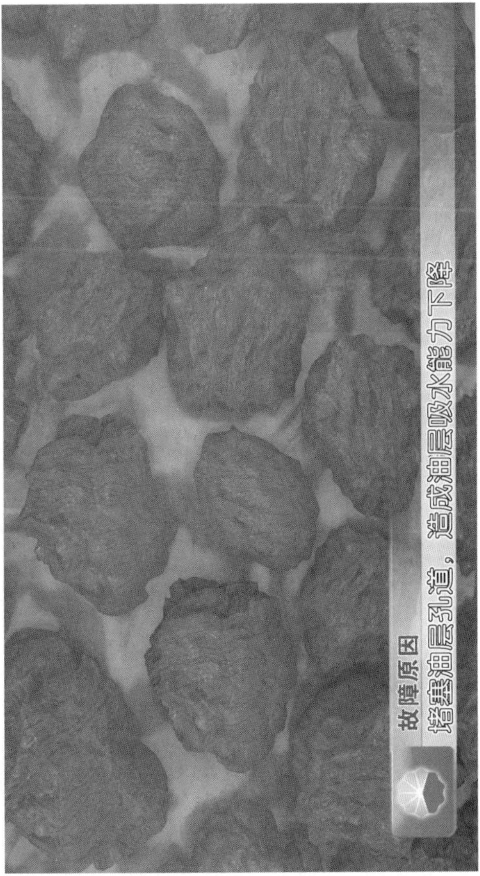
故障原因
堵塞油层孔道，造成油层吸水能力下降

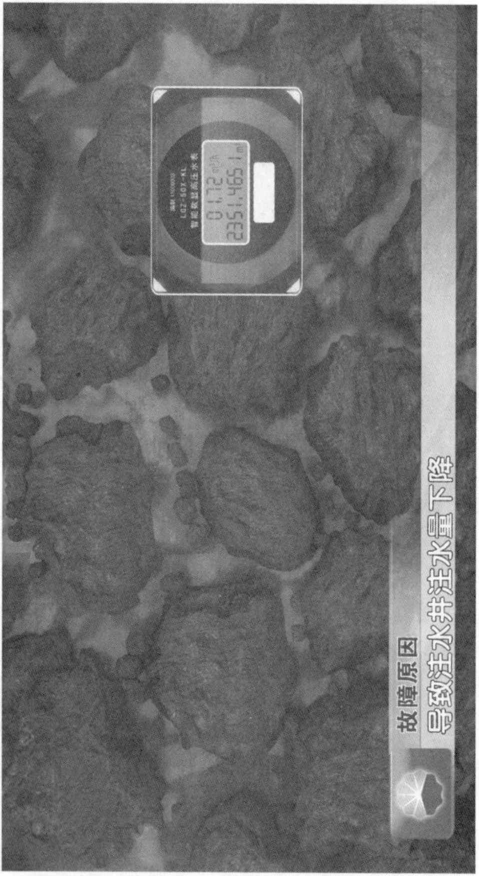
故障原因
导致注水井注水量下降

②注水井在正常生产过程中，由于油层压力升高，注水压差减小，使注水井注水量下降。

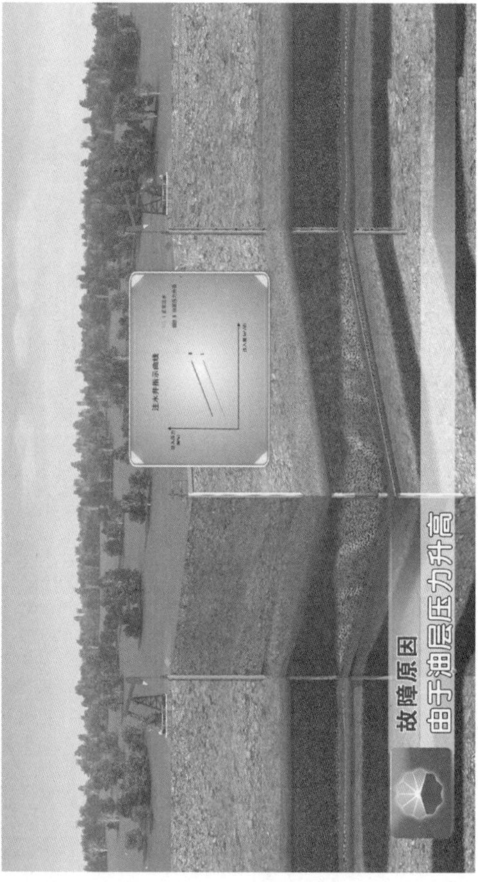
注水井指示曲线
故障原因
由于油层压力升高

故障原因
注水压差减小

故障原因
使注水井注水量下降

处理方法

注水井处理故障时，应先进行倒流程、泄压，方可操作。

（1）由于管线泄漏，导致的泵压（注水站来水压力）降低，应及时堵漏。

处理方法
（1）由于管线泄漏，导致的泵压（注水站来水压力）降低

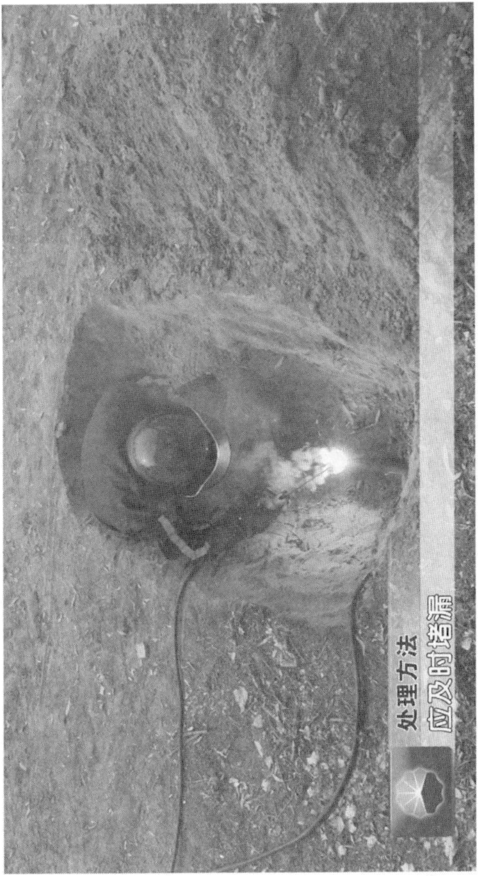
处理方法
应及时堵漏

（2）干式水表出现故障要及时检修或更换。

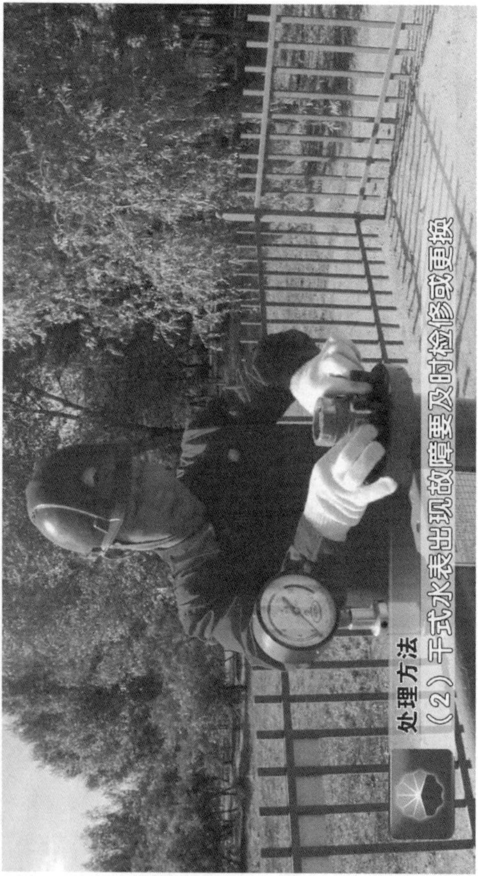
处理方法
（2）干式水表出现故障要及时检修或更换

（3）地面管线结垢，造成水量下降时对管线进行冲洗，无效后进行酸洗。

处理方法
（3）地面管线结垢，造成水量下降时对管线进行冲洗

处理方法
无效后进行酸洗

（4）阀门闸板脱落时，及时维修、更换阀门。

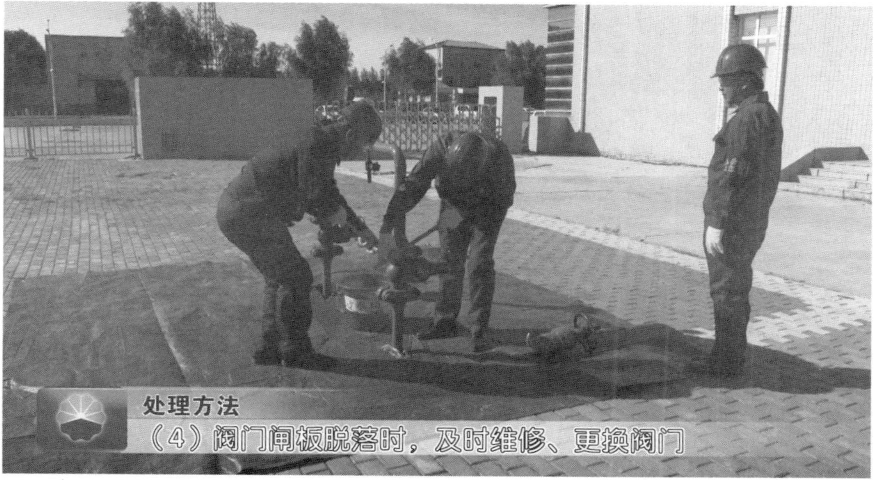
处理方法
（4）阀门闸板脱落时，及时维修、更换阀门

（5）井下滤网或水嘴堵时应洗井，洗井无效后进行测试，更换滤网、水嘴。

处理方法
洗井无效后进行测试，更换滤网、水嘴

（6）由于注入水中脏物堵塞了油层孔道，造成注水量下降。应采取酸化措施，若酸化无效则进行压裂。

处理方法
（6）由于注入水中脏物堵塞了油层孔道，造成注水量下降

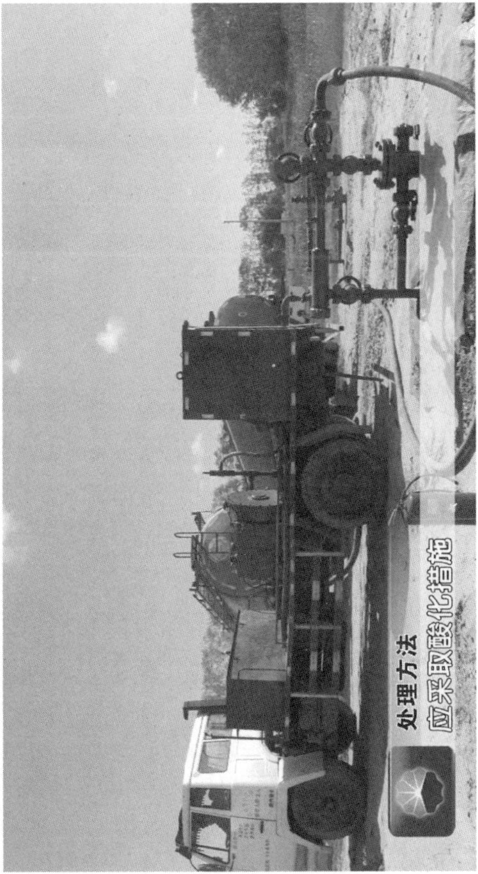
处理方法
应采取酸化措施

处理方法
酸化无效后进行压裂

（7）由于油层压力上升，导致注水量下降，应根据油田开发方案综合调整。

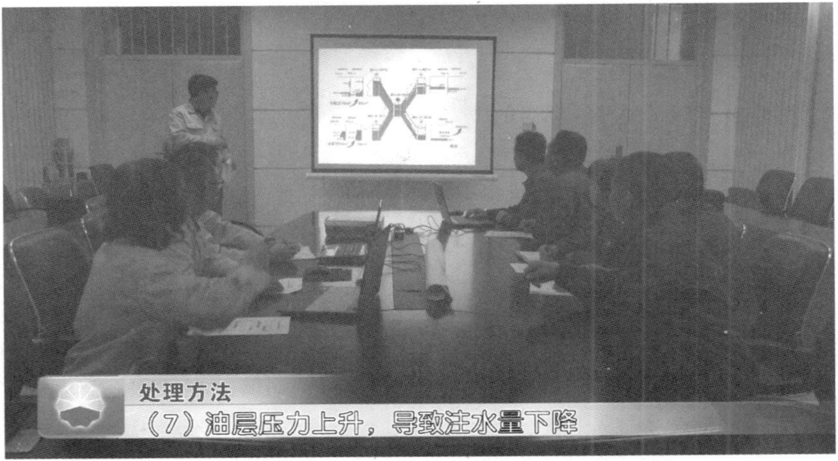

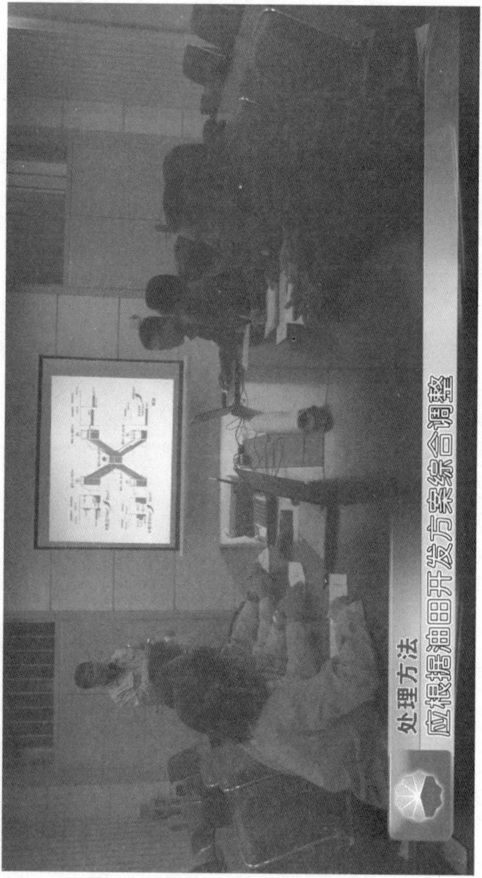
处理方法
应根据油田开发方案综合调整

（8）因水质不合格，导致注水量下降，应严把注入水质关，提高注入水质量。

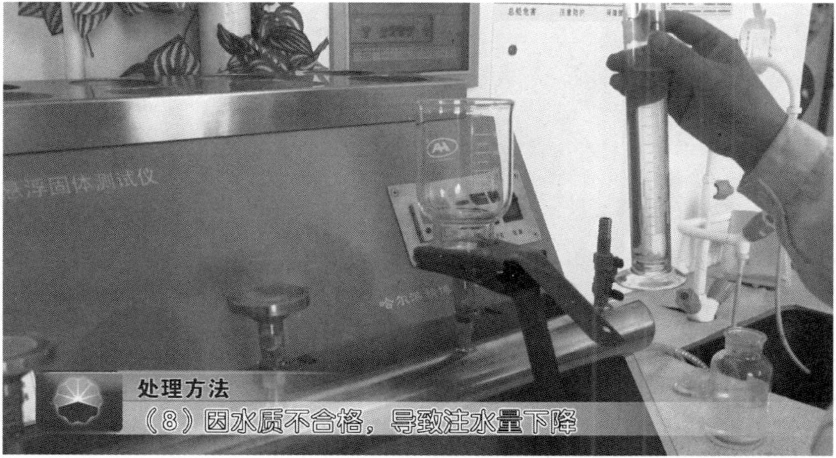

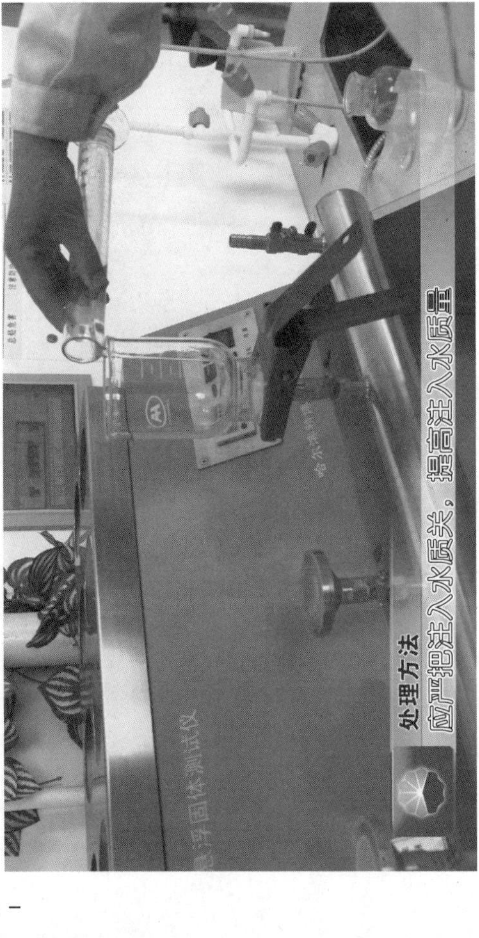
处理方法
应严把注入水质关，提高注入水质量
悬浮固体测试仪

试　题

一、选择题（不限单选）

1. 注水井注水上流阀门以上管线泄漏，引起（　），导致注水井注水量下降。

A. 泵压上升　　B. 泵压降低

C. 油压上升　　D. 套压上升

2. 注水井在注水时，由于注入水中含有杂质，堵塞了井下滤网、水嘴，使注入水（　）。

A. 流动阻力增大　　B. 流动阻力减小

C. 注水量上升　　D. 流动阻力不变

3. 注入水水质不合格，堵塞油层孔道，造成油层（　）。

A. 吸水能力上升　　B. 吸水能力下降

C. 吸水指数上升　　D. 渗流阻力减小

4. 注水井在正常生产过程中，由于油层压力升高，导致（ ），使注水井注水量下降。

A. 注水压差减小　　B. 注水压差增大

C. 总压差减小　　D. 总压差不变

5. 注水井井下滤网或水嘴堵时应洗井，洗井无效后进行（ ），更换滤网、水嘴。

A. 压裂　　B. 酸化

C. 大修　　D. 测试

二、判断题

1. 注水流程中总阀门、生产阀门、注水上流阀门、注水下流阀门，闸板脱落，阻挡流体通道，导致注水井注水量下降。（ ）

2. 由于注入水中脏物堵塞了油层孔道，造成注水量上升。应采取酸化措施，酸化无效后，进行压裂。（ ）

3. 注水井因注入水水质不合格，导致注水量下降，应严把注入水质关，提高注入水质量。（ ）

4. 注水井油层压力上升，导致注水量下降，应根据油田开发方案，综合调整。（ ）

试题参考答案

一、选择题

题号	1	2	3	4	5
答案	B	A	B	A	D

二、判断题

题号	1	2	3	4
答案	√	×	√	√

《注水井生产故障分析与处理》

分册序号	分册书名
1	注水井井口装置渗漏故障及处理
2	注水井水表表芯停走故障及处理
3	注水井管线穿孔故障及处理
4	注水井油压升高故障及处理
5	注水井油压下降故障及处理
6	分层注水井油压、套压平衡故障及处理
7	注水井注水量上升故障及处理
8	注水井注水量下降故障及处理
9	注水井洗井不通故障及处理
10	注水井水表转动异常故障及处理
11	注水井取样阀门打不开故障及处理

采油工安全生产标准化操作丛书

中国石油人事部
中国石油勘探与生产分公司 编

注水井生产故障分析与处理 9

注水井洗井不通故障及处理

石油工業出版社

图书在版编目（CIP）数据

注水井生产故障分析与处理 / 中国石油人事部，中国石油勘探与生产分公司编 .—北京 : 石油工业出版社，2019.5

（采油工安全生产标准化操作丛书）

ISBN 978-7-5183-3245-8

Ⅰ. ①注…　Ⅱ. ①中…　②中…　Ⅲ. ①注水井管理－技术操作规程　Ⅳ. ① TE357.6-65

中国版本图书馆 CIP 数据核字（2019）第 049825 号

出版发行：石油工业出版社
（北京安定门外安华里 2 区 1 号楼 100011）
网　址：www.petropub.com
编辑部：（010）64210387
图书营销中心：（010）64523633
经　销：全国新华书店
印　刷：北京中石油彩色印刷有限责任公司

2019 年 5 月第 1 版　2019 年 5 月第 1 次印刷
880 × 1230 毫米　开本：1/64　印张：8.8125
字数：130 千字

定价：165.00 元（全 11 册）
（如出现印装质量问题，我社图书营销中心负责调换）

《采油工安全生产标准化操作丛书》
编　委　会

《注水井生产故障分析与处理 9
注水井洗井不通故障及处理》

编　委　会

主　编：吴　奇

副主编：杨　东　王冬艳　王殿辉

委　员：张　衡　董敬宁　李雪莲
郑海峰　冯天成　丁洪涛
生凤英　程　亮　邹宏刚
吕庆东　韩旭龙　张云辉
胡胜杰　白丽君　刘　昱

开发单位

中国石油天然气股份有限公司勘探与生产分公司

大庆油田有限责任公司人事部（党委组织部）

大庆油田有限责任公司开发部

大庆油田有限责任公司质量安全环保部

大庆油田有限责任公司第二采油厂

大庆油田有限责任公司第四采油厂

大庆油田有限责任公司第六采油厂

大庆油田有限责任公司文化集团

大庆油田有限责任公司人才开发院

大庆油田有限责任公司大庆医学高等专科学校

合作单位

长庆油田分公司

辽河油田分公司

新疆油田分公司

大港油田分公司

华北油田分公司

石油工业出版社

FOREWORD 序

“求木之长者，必固其根本；欲流之远者，必浚其泉源。”2017 年，党中央、国务院印发了《新时期产业工人队伍建设改革方案》，明确指出，产业工人是工人阶级中发挥支撑作用的主体力量，是创造社会财富的中坚力量，是创新驱动发展的骨干力量，是实施制造强国战略的有生力量。同时提出，要造就一支有理想守信念、懂技术会创新、敢担当讲奉献的宏大的产业工人队伍。这充分体现了党和国家对产业工人队伍建设的关心支持。

中国石油牢固树立以人为本、质量至上、安全第一、环保优先的理念，坚持施行标准化操作作为保证安全生产、深化精细管理、实现

企业内涵发展的重要支撑。中国石油将提升员工技能水平作为抓好产业工人队伍建设的主攻方向，把标准化操作固化成基层单位和干部职工尤其是新员工的行为准则和工作标准，牢固树立“上标准岗、干标准活”的工作意识和理念，形成人人讲安全、人人会安全、人人都安全的良好局面。

守正笃实，久久为功。提升员工技能操作水平是一项长期而艰巨的任务，完善标准是基础，加强领导是保障，优化执行是根本。这需要大家积极推广标准化操作工作，不断加强和改进操作流程与标准，不断规范与完善标准化操作，引导广大员工全面提升对标准化操作的认知度，全面提升标准化操作执行力，规范本质化安全行为，推进各项工作上水平。

中国石油人事部和中国石油勘探与生产分公司共同组织编写的《采油工安全生产标准化

操作丛书》及配套的视频课件，包含中国石油各油气田单位通用性的140个基本操作，具有开发标准高、内容全面、注重安全风险、应用范围广、培训效果突出等方面优点。相对应的视频课件利用三维动画技术，通过分解、剖切等方式展示常规不可见的设备内部结构，让员工学习起来更加直观，是一套“看得懂、学得会、易掌握”的实用教材，真正做到了将“技术有形化”，填补了中国石油安全生产操作培训课件方面的空白，为进一步提升操作员工整体素质提供有力支撑。

目前，跨国公司员工培训已经进入了“互联网+培训”的员工混合式培训阶段，以多终端应用设备为载体，展现多种资源，结合线下培训和社区化学习模式，以网络化应用进行培训评估，实现可规划路径的人才发展优化培训。这套丛书从生产实际出发，以满足需求为导向，

以促进员工养成标准化操作习惯为目标，实践性和针对性都很强。同时，大批专家的参与写作使教材的权威性有了保证。丛书配套的视频课件可以满足石油员工远程移动学习，也可以满足员工单机高清自学和集中学习。这样就形成了三位一体的员工培训模式，逐步迈入员工混合式培训阶段。希望这套丛书的出版发行，能为促进中国石油员工培训工作的深入开展，为促进员工操作技能水平的不断提升，为推动油气主业高质量发展，为实现中国石油建成世界一流综合性国际能源公司作出积极贡献。

中国石油天然气集团有限公司
总经理助理、人事部总经理
刘志华

PREFACE 前言

采油工是油田企业主体关键工种之一，在中国石油操作类员工中占比较大，采油工技能水平的高低，对油田的安全平稳生产起到至关重要的作用。为进一步提高采油工的基本素质和业务技能水平，中国石油人事部和中国石油勘探与生产分公司于 2016 年联合启动了采油工安全生产标准化操作视频培训课件开发项目，成立了课件编委会，委托大庆油田公司负责课件具体编制工作，并确定长庆、辽河、新疆、大港、华北 5 家油田公司和石油工业出版社，共同配合大庆油田做好视频培训课件编制工作。

课件开发过程中，大庆油田高度重视，按照“实际、实用、实效”的原则，专门成立了

课件开发工作领导组，组织公司人事部、开发部、安全环保部、第二采油厂、第四采油厂等9个部门和二级单位共同参与，共计抽调了100余名专家参与项目的研发设计。勘探与生产分公司加强过程监督和质量把控,针对开发方案、课件脚本、制作标准、课件样片等内容，按照不同工作节点先后组织三次大的集中审核会议，邀请中国石油各油田行业专家建言献策，为提高课件的通用性和实用性奠定坚实基础。大庆油田按照总体工作要求，历时两年，完成了视频培训课件的编制任务，并同步完成《采油工安全生产标准化操作丛书》的编写工作。本套丛书紧贴油田生产实际，以采油工岗位职责为依据，包含《安全防护用具使用》《工具、用具、量具使用》《采油工艺简介》《抽油机井标准化操作》《电动潜油泵井标准化操作》《电动螺杆泵井标准化操作》《注水井标准化操作》

《计量间标准化操作》《抽油机井生产故障分析与处理》《电动潜油泵井生产故障分析与处理》《电动螺杆泵井生产故障分析与处理》《注水井生产故障分析与处理》《计量间生产故障分析与处理》《现场应急救护》，共 14 种 140 个分册。本套丛书具有突出的实用性和规范性特点，可广泛用于新员工岗前培训、日常岗位练兵、鉴定考前培训、师徒帮带、技能竞赛等学习培训活动。

希望本套丛书能够为各石油企业提供借鉴，为今后采油工岗位培训的扎实有效开展提供有力保障。由于各油田在采油工艺、设备等方面存在差异性，书中难免有不足之处，敬请读者批评指正。

编者

2018 年 8 月

CONTENTS 目录

故障现象

注水井洗井过程中，洗井液由套管进入，从油管返出，进入洗井液回收罐车。当洗井不通时，会出现井口返出液量少、水表停转、洗井压力显示异常等现象，此时可判断为注水井洗井不通。

故障现象
注水井洗井过程中

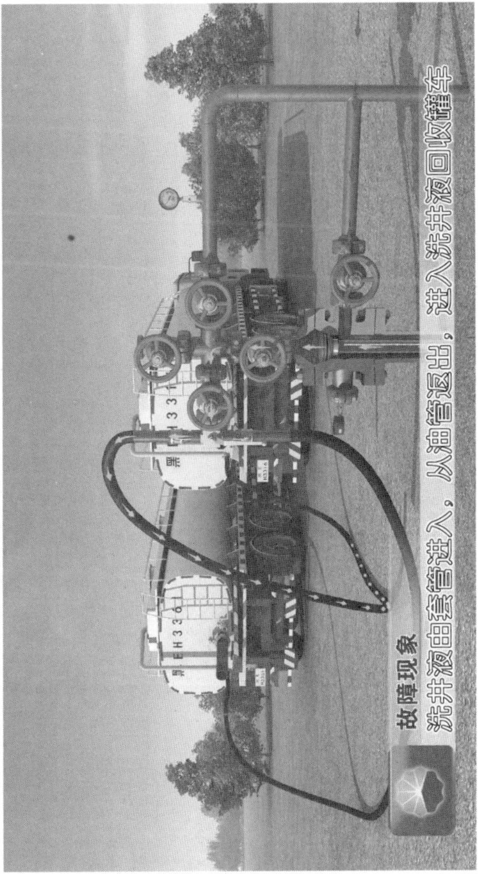
故障现象
洗井液由套管进入，从油管返出，进入洗井液回收罐车

故障现象
当洗井不通时

故障现象
会出现井口返出液量少

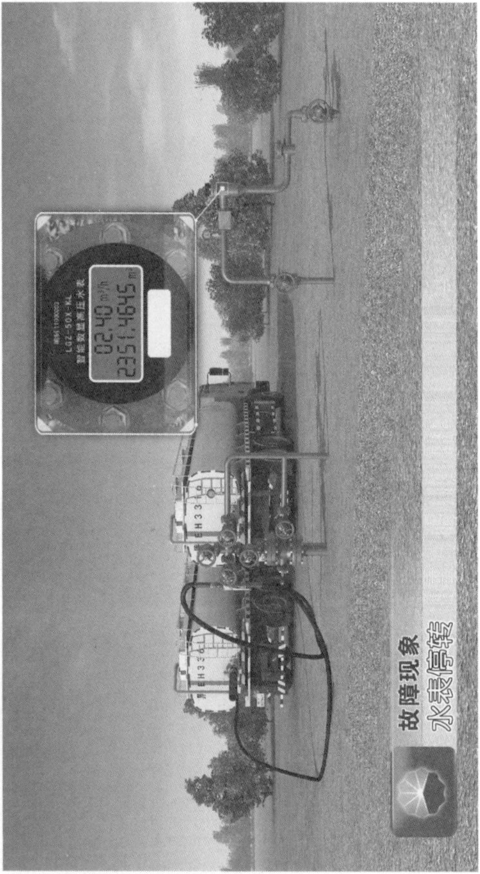
故障现象
水表停转

故障现象
洗井压力显示异常等现象，此时可判断为注水井洗井不通

故障原因

（1）由于地面管线堵塞或冻结，导致注水井洗井不通。

故障原因
导致注水井洗井不通

（2）套管阀门闸板脱落，造成洗井液不能进入套管，导致注水井洗井不通。

故障原因
造成洗井液不能进入套管，导致注水井洗井不通

（3）筛管堵塞造成底部挡球打不开，洗井液无法进入油管，导致洗井不通。

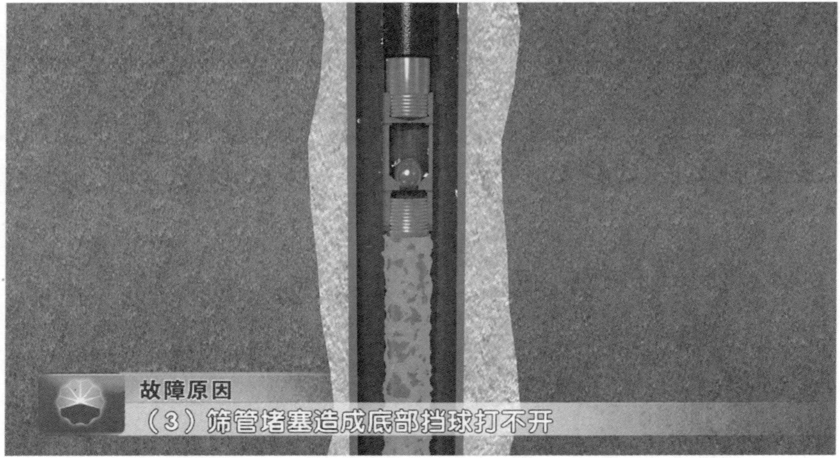

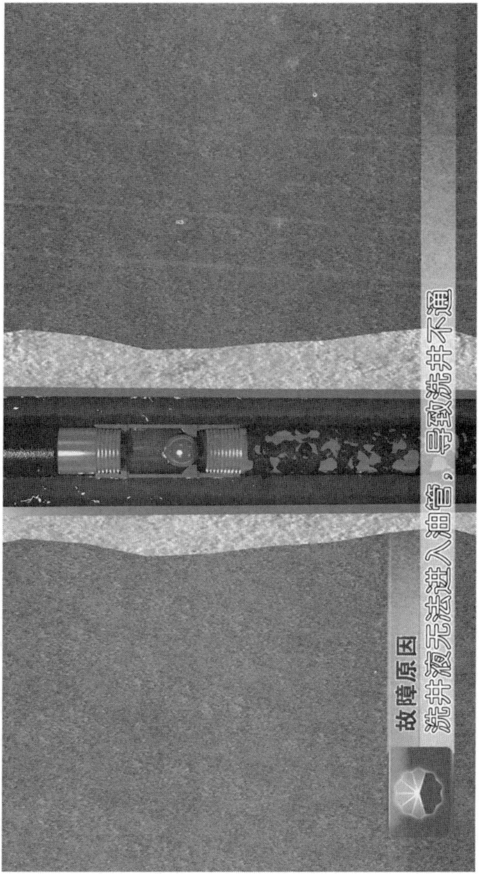
故障原因
洗井液无法进入油管，导致洗井不通

（4）由于封隔器出现故障，导致注水井洗井不通。

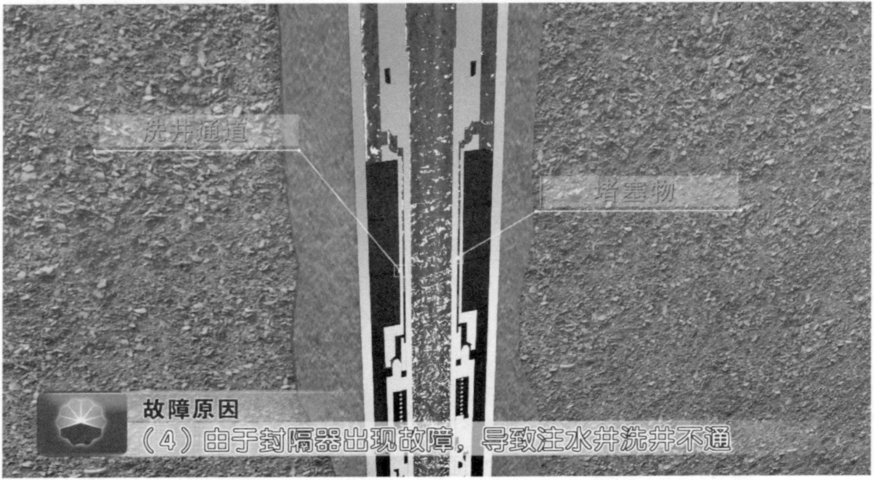

（5）由于注水井管柱结垢严重，挡球上部堵塞，导致注水井洗井不通。

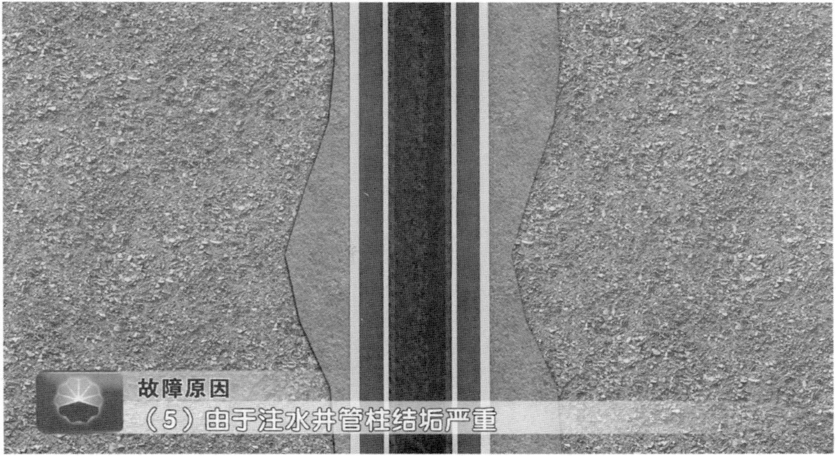

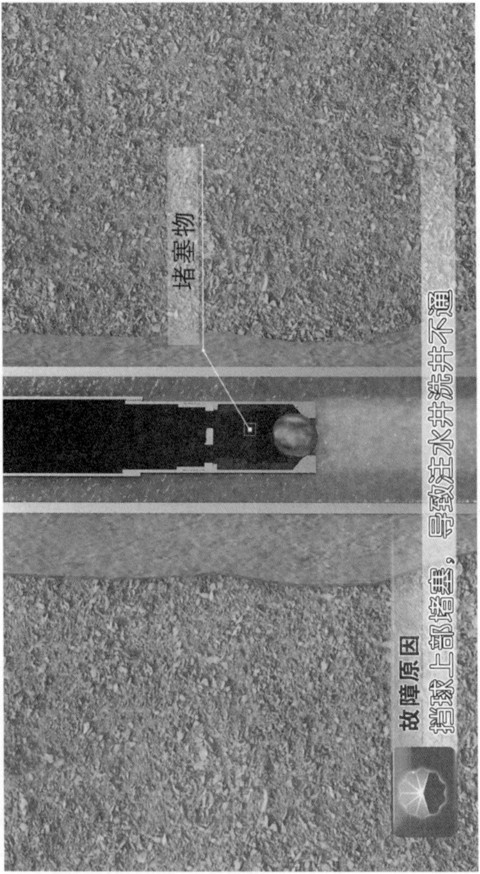
堵塞物
故障原因
挡球上部堵塞，导致注水井洗井不通

处理方法

注水井处理故障时，应先进行倒流程、泄压，方可操作。

（1）地面管线冻结或堵塞，要及时对管线进行解冻、解堵。

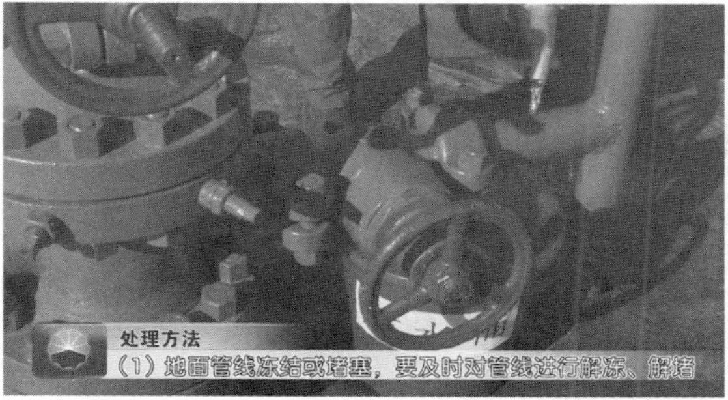
处理方法
（1）地面管线冻结或堵塞，要及时对管线进行解冻、解堵

（2）当套管阀门闸板脱落导致洗井不通时，要及时维修、更换阀门。

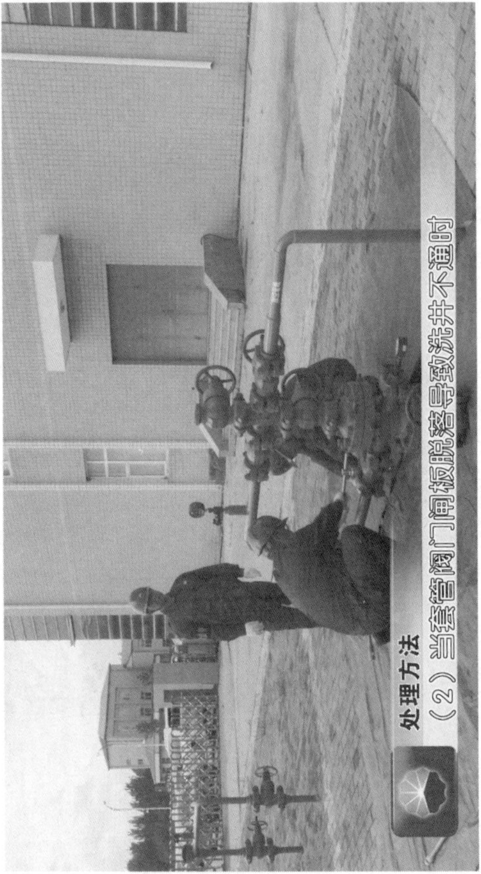
处理方法
（2）当套管阀门闸板脱落导致洗井不通时

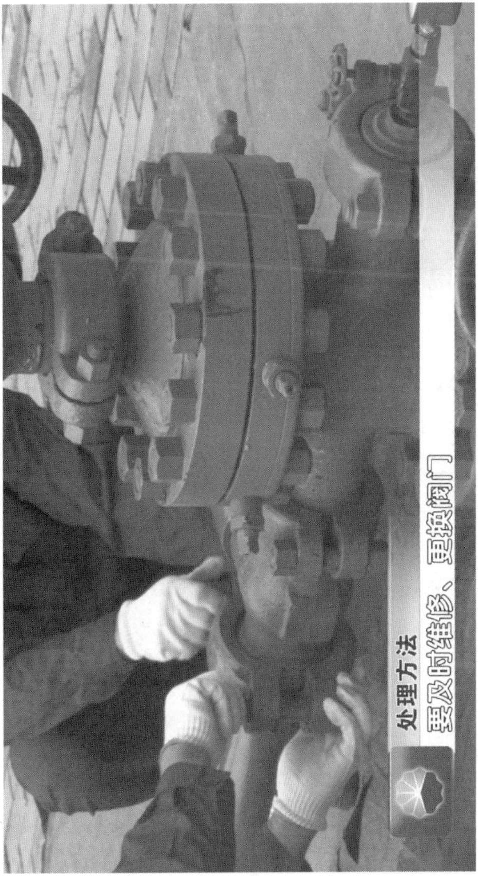
处理方法
要及时维修、更换阀门

（3）当油管底部挡球未打开、管柱结垢造成挡球上部堵塞、封隔器出现故障时，导致注水井洗井不通，要及时作业，恢复洗井通道。

处理方法
管柱结垢造成挡球上部堵塞，封隔器出现故障时

处理方法
导致注水井洗井不通

处理方法
要及时作业，恢复洗井通道

试　题

一、选择题（不限单选）

1. 当注水井洗井不通时，会出现井口（　）、水表停转、洗井压力显示异常等现象。

A. 洗井水量多　　B. 返出液量多

C. 返出液量少　　D. 泵压降低

2. 注水井套管阀门（　），造成洗井液不能进入套管，导致注水井洗井不通。

A. 闸板刺漏　　B. 闸板脱落

C. 严重漏失　　D. 密封圈刺漏

3. 注水井筛管堵塞造成（　）打不开，洗井液无法进入油管，导致洗井不通。

A. 堵塞器　　B. 配水器

C. 底部挡球　　D. 投捞器

4. 当注水井油管底部挡球未打开、（　）结垢造成挡球上部堵塞，导致注水井洗井不通。

A. 套管　　B. 滤网

C. 配水器　　D. 管柱

5. 注水井反洗井过程中，洗井液由（　）进入，从油管返出，进入洗井液回收罐车。

A. 套管　　B. 油管

C. 配水器　　D. 总阀门

二、判断题

1. 封隔器洗井通道堵塞，导致注水井洗井不通，要及时作业，恢复洗井通道。（　）

2. 由于地面管线堵塞或冻结，导致注水井洗井不通。要及时对管线进行解堵、解冻。（　）

3. 当套管阀门闸板脱落，洗井不通时，要及时维修、更换阀门。（　）

4. 封隔器出现故障、油管结垢严重造成挡球下部堵塞，都可导致注水井洗井不通。（　）

试题参考答案

一、选择题

题号	1	2	3	4	5
答案	C	B	C	D	A

二、判断题

题号	1	2	3	4
答案	√	√	√	×

《注水井生产故障分析与处理》

分册序号	分册书名
1	注水井井口装置渗漏故障及处理
2	注水井水表表芯停走故障及处理
3	注水井管线穿孔故障及处理
4	注水井油压升高故障及处理
5	注水井油压下降故障及处理
6	分层注水井油压、套压平衡故障及处理
7	注水井注水量上升故障及处理
8	注水井注水量下降故障及处理
9	注水井洗井不通故障及处理
10	注水井水表转动异常故障及处理
11	注水井取样阀门打不开故障及处理

采油工安全生产标准化操作丛书

中国石油人事部
中国石油勘探与生产分公司 编

注水井生产故障分析与处理 10

注水井水表转动异常故障及处理

石油工业出版社

图书在版编目（CIP）数据

注水井生产故障分析与处理 / 中国石油人事部，中国石油勘探与生产分公司编 .—北京：石油工业出版社，2019.5
（采油工安全生产标准化操作丛书）
ISBN 978-7-5183-3245-8

Ⅰ. ①注…　Ⅱ. ①中…　②中…　Ⅲ. ①注水井管理－技术操作规程　Ⅳ. ① TE357.6-65

中国版本图书馆 CIP 数据核字（2019）第 049825 号

出版发行：石油工业出版社
（北京安定门外安华里 2 区 1 号楼 100011）
网　址：www.petropub.com
编辑部：（010）64210387
图书营销中心：（010）64523633
经　　销：全国新华书店
印　　刷：北京中石油彩色印刷有限责任公司

2019 年 5 月第 1 版　2019 年 5 月第 1 次印刷
880 × 1230 毫米　开本：1/64　印张：8.8125
字数：130 千字

定价：165.00 元（全 11 册）
（如出现印装质量问题，我社图书营销中心负责调换）

《采油工安全生产标准化操作丛书》
编 委 会

《注水井生产故障分析与处理10 注水井水表转动异常故障及处理》
编 委 会

开发单位

中国石油天然气股份有限公司勘探与生产分公司

大庆油田有限责任公司人事部（党委组织部）

大庆油田有限责任公司开发部

大庆油田有限责任公司质量安全环保部

大庆油田有限责任公司第二采油厂

大庆油田有限责任公司第四采油厂

大庆油田有限责任公司第六采油厂

大庆油田有限责任公司文化集团

大庆油田有限责任公司人才开发院

大庆油田有限责任公司大庆医学高等专科学校

合作单位

长庆油田分公司

辽河油田分公司

新疆油田分公司

大港油田分公司

华北油田分公司

石油工业出版社

FOREWORD 序

“求木之长者，必固其根本；欲流之远者，必浚其泉源。”2017 年，党中央、国务院印发了《新时期产业工人队伍建设改革方案》，明确指出，产业工人是工人阶级中发挥支撑作用的主体力量，是创造社会财富的中坚力量，是创新驱动发展的骨干力量，是实施制造强国战略的有生力量。同时提出，要造就一支有理想守信念、懂技术会创新、敢担当讲奉献的宏大的产业工人队伍。这充分体现了党和国家对产业工人队伍建设的关心支持。

中国石油牢固树立以人为本、质量至上、安全第一、环保优先的理念，坚持施行标准化操作作为保证安全生产、深化精细管理、实现

企业内涵发展的重要支撑。中国石油将提升员工技能水平作为抓好产业工人队伍建设的主攻方向，把标准化操作固化成基层单位和干部职工尤其是新员工的行为准则和工作标准，牢固树立“上标准岗、干标准活”的工作意识和理念，形成人人讲安全、人人会安全、人人都安全的良好局面。

守正笃实，久久为功。提升员工技能操作水平是一项长期而艰巨的任务，完善标准是基础，加强领导是保障，优化执行是根本。这需要大家积极推广标准化操作工作，不断加强和改进操作流程与标准，不断规范与完善标准化操作，引导广大员工全面提升对标准化操作的认知度，全面提升标准化操作执行力，规范本质化安全行为，推进各项工作上水平。

中国石油人事部和中国石油勘探与生产分公司共同组织编写的《采油工安全生产标准化

操作丛书》及配套的视频课件，包含中国石油各油气田单位通用性的140个基本操作，具有开发标准高、内容全面、注重安全风险、应用范围广、培训效果突出等方面优点。相对应的视频课件利用三维动画技术，通过分解、剖切等方式展示常规不可见的设备内部结构，让员工学习起来更加直观，是一套“看得懂、学得会、易掌握”的实用教材，真正做到了将“技术有形化”，填补了中国石油安全生产操作培训课件方面的空白，为进一步提升操作员工整体素质提供有力支撑。

目前，跨国公司员工培训已经进入了“互联网+培训”的员工混合式培训阶段，以多终端应用设备为载体，展现多种资源，结合线下培训和社区化学习模式，以网络化应用进行培训评估，实现可规划路径的人才发展优化培训。这套丛书从生产实际出发，以满足需求为导向，

以促进员工养成标准化操作习惯为目标，实践性和针对性都很强。同时，大批专家的参与写作使教材的权威性有了保证。丛书配套的视频课件可以满足石油员工远程移动学习，也可以满足员工单机高清自学和集中学习。这样就形成了三位一体的员工培训模式，逐步迈入员工混合式培训阶段。希望这套丛书的出版发行，能为促进中国石油员工培训工作的深入开展，为促进员工操作技能水平的不断提升，为推动油气主业高质量发展，为实现中国石油建成世界一流综合性国际能源公司作出积极贡献。

中国石油天然气集团有限公司
总经理助理、人事部总经理
刘志华

PREFACE 前言

采油工是油田企业主体关键工种之一，在中国石油操作类员工中占比较大，采油工技能水平的高低，对油田的安全平稳生产起到至关重要的作用。为进一步提高采油工的基本素质和业务技能水平，中国石油人事部和中国石油勘探与生产分公司于2016年联合启动了采油工安全生产标准化操作视频培训课件开发项目，成立了课件编委会，委托大庆油田公司负责课件具体编制工作，并确定长庆、辽河、新疆、大港、华北5家油田公司和石油工业出版社，共同配合大庆油田做好视频培训课件编制工作。

课件开发过程中，大庆油田高度重视，按照“实际、实用、实效”的原则，专门成立了

课件开发工作领导组，组织公司人事部、开发部、安全环保部、第二采油厂、第四采油厂等 9 个部门和二级单位共同参与，共计抽调了 100 余名专家参与项目的研发设计。勘探与生产分公司加强过程监督和质量把控，针对开发方案、课件脚本、制作标准、课件样片等内容，按照不同工作节点先后组织三次大的集中审核会议，邀请中国石油各油田行业专家建言献策，为提高课件的通用性和实用性奠定坚实基础。大庆油田按照总体工作要求，历时两年，完成了视频培训课件的编制任务，并同步完成《采油工安全生产标准化操作丛书》的编写工作。本套丛书紧贴油田生产实际，以采油工岗位职责为依据，包含《安全防护用具使用》《工具、用具、量具使用》《采油工艺简介》《抽油机井标准化操作》《电动潜油泵井标准化操作》《电动螺杆泵井标准化操作》《注水井标准化操作》

《计量间标准化操作》《抽油机井生产故障分析与处理》《电动潜油泵井生产故障分析与处理》《电动螺杆泵井生产故障分析与处理》《注水井生产故障分析与处理》《计量间生产故障分析与处理》《现场应急救护》，共 14 种 140 个分册。本套丛书具有突出的实用性和规范性特点，可广泛用于新员工岗前培训、日常岗位练兵、鉴定考前培训、师徒帮带、技能竞赛等学习培训活动。

希望本套丛书能够为各石油企业提供借鉴，为今后采油工岗位培训的扎实有效开展提供有力保障。由于各油田在采油工艺、设备等方面存在差异性，书中难免有不足之处，敬请读者批评指正。

编者

2018 年 8 月

CONTENTS 目录

故障现象

在正常注水过程中，注水井水表应准确反映实际注入水量的多少。水表转动异常时，瞬时水量显示为时走、时停、时快、时慢，影响注水井录取资料的准确性。

故障现象
在正常注水过程中

故障现象
注水井水表应准确反映实际注入水量的多少

故障现象
水表转动异常时

故障现象
瞬时水量显示为时走、时停

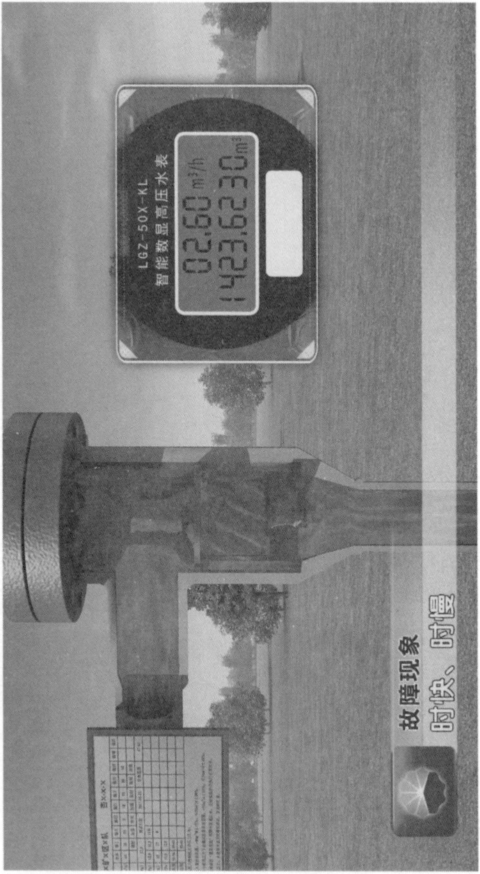
LGZ-50X-KL
智能数显高压水表
02.60 m³/h
1423.6230 m³
故障现象
时快、时慢

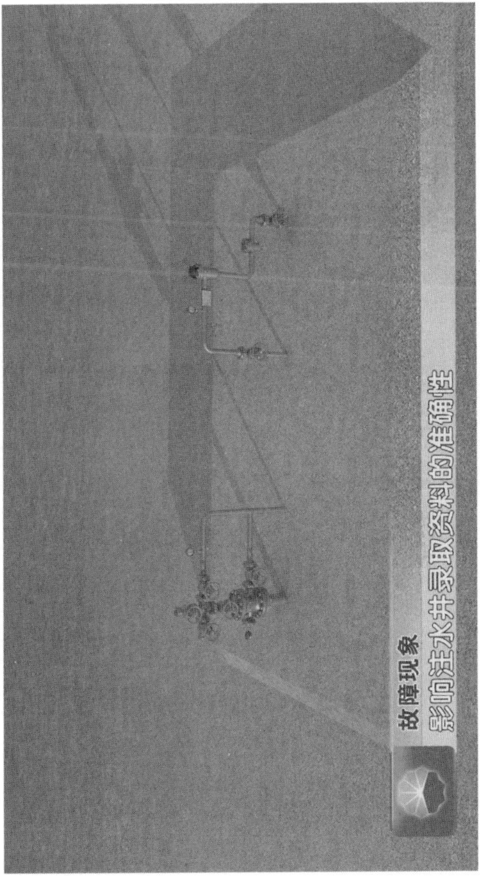
故障现象
影响注水井录取资料的准确性

故障原因

（1）注水井在注水过程中，由于叶轮轴套磨损后松脱，导致水表出现时走时停的现象。

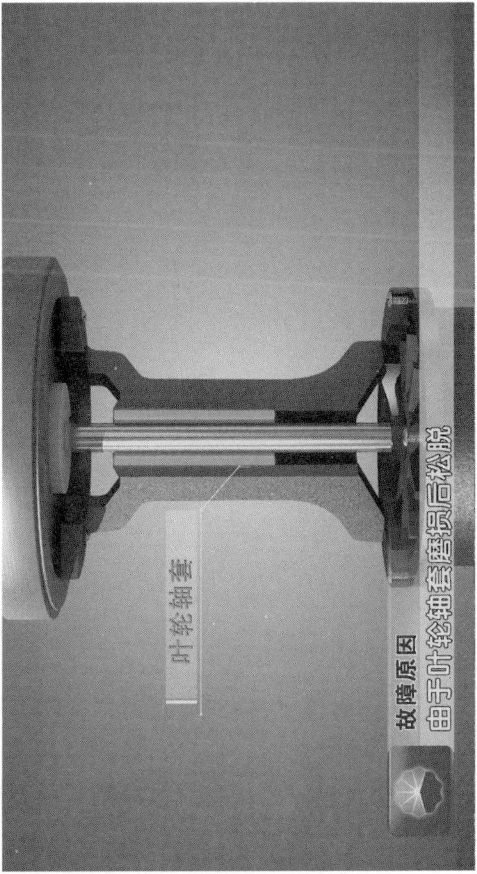
叶轮轴套
故障原因
由于叶轮轴套磨损后松脱

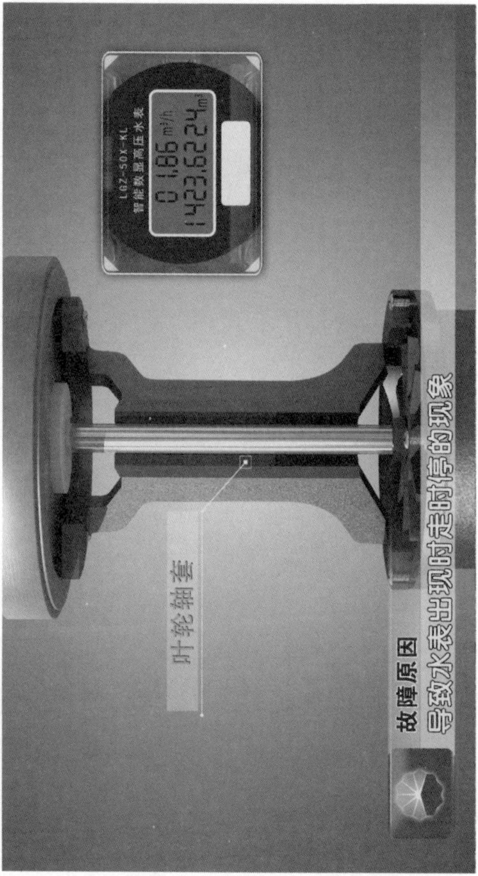
LGZ-50X-KL
智能数显高压水表
0.186 m³/h
1423.6224 m³
叶轮轴套
故障原因
导致水表出现时走时停的现象

（2）当水表表芯进液孔有脏物进入，阻挡部分流通孔道，但不影响叶轮转动，水流速度加快，水表转速加快。

故障原因
阻挡部分流通孔道，但不影响叶轮转动，水流速度加快

LGZ-50X-KL
智能数显高压水表
故障原因
水表转速加快

（3）注水井水表表芯顶尖磨损，导致摩擦力增大，水表转速变慢。

故障原因
导致摩擦力增大
顶尖

LGZ-50X-KL
智能数显高压水表
0.150 m³/h
故障原因
水表转速变慢

处理方法

注水井处理故障时，应先进行倒流程，泄压，方可操作。

（1）当出现水表表芯各零部件损坏，更换校验合格的水表。

处理方法
更换校验合格的水表

（2）脏物堵塞引起的水表转动异常，应清洗水表。

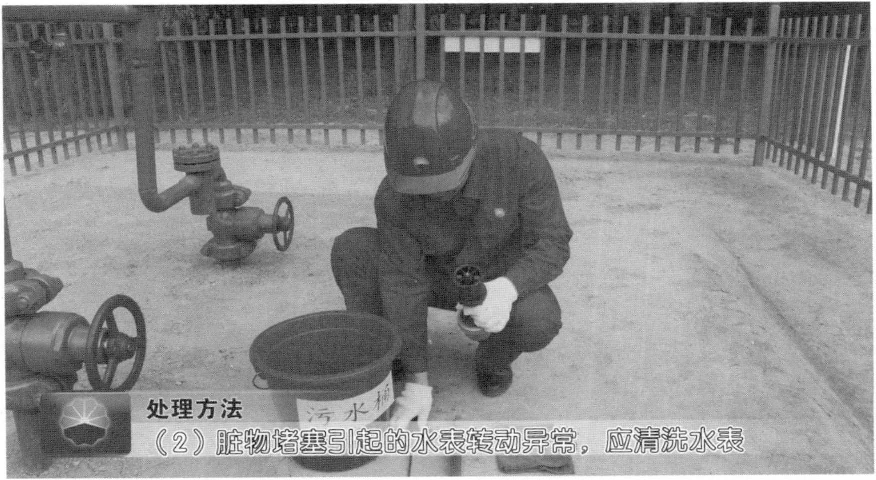
处理方法
（2）脏物堵塞引起的水表转动异常，应清洗水表
污水桶

试　题

一、选择题（不限单选）

1. 注水井在注水过程中，由于（　）磨损后松脱，导致水表出现时走、时停的现象。

A. 水表外壳　　B. 调节板

C. 磁钢　　D. 叶轮轴套

2. 当注水井水表表芯（　）有脏物进入，阻挡部分流通孔道，但不影响叶轮转动，水流速度加快，水表转速加快。

A. 进液孔　　B. 出液孔

C. 叶轮轴套　　D. 中心轴

3. 注水井水表转动异常时，（　）显示为时走、时停、时快、时慢，影响注水井录取资料的准确性。

A. 日注水量　　B. 全井注水量

C. 瞬时水量　　　　D. 分层注水量

4. 注水井因（　）引起的水表转动异常，应清洗水表进行处理。

A. 叶轮损坏　　　　B. 轴套磨损

C. 脏物堵塞　　　　D. 顶尖磨损

二、判断题

1. 注水井水表表芯顶尖磨损，导致摩擦力增大，水表转速变快。（　）

2. 注水井当水表表芯各零部件损坏时，更换校验合格的水表。（　）

3. 注水井在正常注水过程中，水表应准确反映实际注入水量的多少。（　）

4. 当注水井水表表芯出液孔有脏物进入，阻挡部分流通孔道，但不影响叶轮转动，水流速度加快，水表转速加快。（　）

试题参考答案

一、选择题

题号	1	2	3	4
答案	D	A	C	C

二、判断题

题号	1	2	3	4
答案	×	√	√	×

《注水井生产故障分析与处理》

分册序号	分册书名
1	注水井井口装置渗漏故障及处理
2	注水井水表表芯停走故障及处理
3	注水井管线穿孔故障及处理
4	注水井油压升高故障及处理
5	注水井油压下降故障及处理
6	分层注水井油压、套压平衡故障及处理
7	注水井注水量上升故障及处理
8	注水井注水量下降故障及处理
9	注水井洗井不通故障及处理
10	注水井水表转动异常故障及处理
11	注水井取样阀门打不开故障及处理

采油工安全生产标准化操作丛书

中国石油人事部
中国石油勘探与生产分公司 编

注水井生产故障分析与处理 11

注水井取样阀门打不开故障及处理

石油工业出版社

图书在版编目（CIP）数据

注水井生产故障分析与处理 / 中国石油人事部，中国石油勘探与生产分公司编 .—北京 : 石油工业出版社，2019.5

（采油工安全生产标准化操作丛书）

ISBN 978-7-5183-3245-8

Ⅰ. ①注… Ⅱ. ①中… ②中… Ⅲ. ①注水井管理 - 技术操作规程 Ⅳ. ① TE357.6-65

中国版本图书馆 CIP 数据核字（2019）第 049825 号

出版发行：石油工业出版社
（北京安定门外安华里 2 区 1 号楼 100011）
网　址：www.petropub.com
编辑部：（010）64210387
图书营销中心：（010）64523633
经　　销：全国新华书店
印　　刷：北京中石油彩色印刷有限责任公司

2019 年 5 月第 1 版　2019 年 5 月第 1 次印刷
880 × 1230 毫米　开本：1/64　印张：8.8125
字数：130 千字

定价：165.00 元（全 11 册）
（如出现印装质量问题，我社图书营销中心负责调换）

《采油工安全生产标准化操作丛书》
编　委　会

《注水井生产故障分析与处理 11
注水井取样阀门打不开故障及处理》
编　委　会

开发单位

中国石油天然气股份有限公司勘探与生产分公司

大庆油田有限责任公司人事部（党委组织部）

大庆油田有限责任公司开发部

大庆油田有限责任公司质量安全环保部

大庆油田有限责任公司第二采油厂

大庆油田有限责任公司第四采油厂

大庆油田有限责任公司第六采油厂

大庆油田有限责任公司文化集团

大庆油田有限责任公司人才开发院

大庆油田有限责任公司大庆医学高等专科学校

合作单位

长庆油田分公司

辽河油田分公司

新疆油田分公司

大港油田分公司

华北油田分公司

石油工业出版社

FOREWORD 序

“求木之长者，必固其根本；欲流之远者，必浚其泉源。”2017年，党中央、国务院印发了《新时期产业工人队伍建设改革方案》，明确指出，产业工人是工人阶级中发挥支撑作用的主体力量，是创造社会财富的中坚力量，是创新驱动发展的骨干力量，是实施制造强国战略的有生力量。同时提出，要造就一支有理想守信念、懂技术会创新、敢担当讲奉献的宏大的产业工人队伍。这充分体现了党和国家对产业工人队伍建设的关心支持。

中国石油牢固树立以人为本、质量至上、安全第一、环保优先的理念，坚持施行标准化操作作为保证安全生产、深化精细管理、实现

企业内涵发展的重要支撑。中国石油将提升员工技能水平作为抓好产业工人队伍建设的主攻方向，把标准化操作固化成基层单位和干部职工尤其是新员工的行为准则和工作标准，牢固树立“上标准岗、干标准活”的工作意识和理念，形成人人讲安全、人人会安全、人人都安全的良好局面。

守正笃实，久久为功。提升员工技能操作水平是一项长期而艰巨的任务，完善标准是基础，加强领导是保障，优化执行是根本。这需要大家积极推广标准化操作工作，不断加强和改进操作流程与标准，不断规范与完善标准化操作，引导广大员工全面提升对标准化操作的认知度，全面提升标准化操作执行力，规范本质化安全行为，推进各项工作上水平。

中国石油人事部和中国石油勘探与生产分公司共同组织编写的《采油工安全生产标准化

操作丛书》及配套的视频课件，包含中国石油各油气田单位通用性的140个基本操作，具有开发标准高、内容全面、注重安全风险、应用范围广、培训效果突出等方面优点。相对应的视频课件利用三维动画技术，通过分解、剖切等方式展示常规不可见的设备内部结构，让员工学习起来更加直观，是一套“看得懂、学得会、易掌握”的实用教材，真正做到了将“技术有形化”，填补了中国石油安全生产操作培训课件方面的空白，为进一步提升操作员工整体素质提供有力支撑。

目前，跨国公司员工培训已经进入了“互联网＋培训”的员工混合式培训阶段，以多终端应用设备为载体，展现多种资源，结合线下培训和社区化学习模式，以网络化应用进行培训评估，实现可规划路径的人才发展优化培训。这套丛书从生产实际出发，以满足需求为导向，以促进员工养成标准化操作习惯为目标，实践性和针对性都很强。同时，大批专家的参与写作使教材的权威性有了保证。丛书配套的视频课件可以满足石油员工远程移动学习，也可以满足员工单机高清自学和集中学习。这样就形成了三位一体的员工培训模式，逐步迈入员工混合式培训阶段。希望这套丛书的出版发行，能为促进中国石油员工培训工作的深入开展，为促进员工操作技能水平的不断提升，为推动油气主业高质量发展，为实现中国石油建成世界一流综合性国际能源公司作出积极贡献。

中国石油天然气集团有限公司
总经理助理、人事部总经理 刘志华

PREFACE 前言

采油工是油田企业主体关键工种之一，在中国石油操作类员工中占比较大，采油工技能水平的高低，对油田的安全平稳生产起到至关重要的作用。为进一步提高采油工的基本素质和业务技能水平，中国石油人事部和中国石油勘探与生产分公司于 2016 年联合启动了采油工安全生产标准化操作视频培训课件开发项目，成立了课件编委会，委托大庆油田公司负责课件具体编制工作，并确定长庆、辽河、新疆、大港、华北 5 家油田公司和石油工业出版社，共同配合大庆油田做好视频培训课件编制工作。

课件开发过程中，大庆油田高度重视，按照“实际、实用、实效”的原则，专门成立了

课件开发工作领导组，组织公司人事部、开发部、安全环保部、第二采油厂、第四采油厂等9个部门和二级单位共同参与，共计抽调了100余名专家参与项目的研发设计。勘探与生产分公司加强过程监督和质量把控,针对开发方案、课件脚本、制作标准、课件样片等内容，按照不同工作节点先后组织三次大的集中审核会议，邀请中国石油各油田行业专家建言献策，为提高课件的通用性和实用性奠定坚实基础。大庆油田按照总体工作要求，历时两年，完成了视频培训课件的编制任务，并同步完成《采油工安全生产标准化操作丛书》的编写工作。本套丛书紧贴油田生产实际，以采油工岗位职责为依据，包含《安全防护用具使用》《工具、用具、量具使用》《采油工艺简介》《抽油机井标准化操作》《电动潜油泵井标准化操作》《电动螺杆泵井标准化操作》《注水井标准化操作》

《计量间标准化操作》《抽油机井生产故障分析与处理》《电动潜油泵井生产故障分析与处理》《电动螺杆泵井生产故障分析与处理》《注水井生产故障分析与处理》《计量间生产故障分析与处理》《现场应急救护》，共14种140个分册。本套丛书具有突出的实用性和规范性特点，可广泛用于新员工岗前培训、日常岗位练兵、鉴定考前培训、师徒帮带、技能竞赛等学习培训活动。

希望本套丛书能够为各石油企业提供借鉴，为今后采油工岗位培训的扎实有效开展提供有力保障。由于各油田在采油工艺、设备等方面存在差异性，书中难免有不足之处，敬请读者批评指正。

编者

2018年8月

CONTENTS 目录

故障现象

采油工作中，需要通过取样阀门提取水井管道中介质样品。取样阀门损坏时，会造成阀门打不开或打开后无介质流出，影响资料的录取。

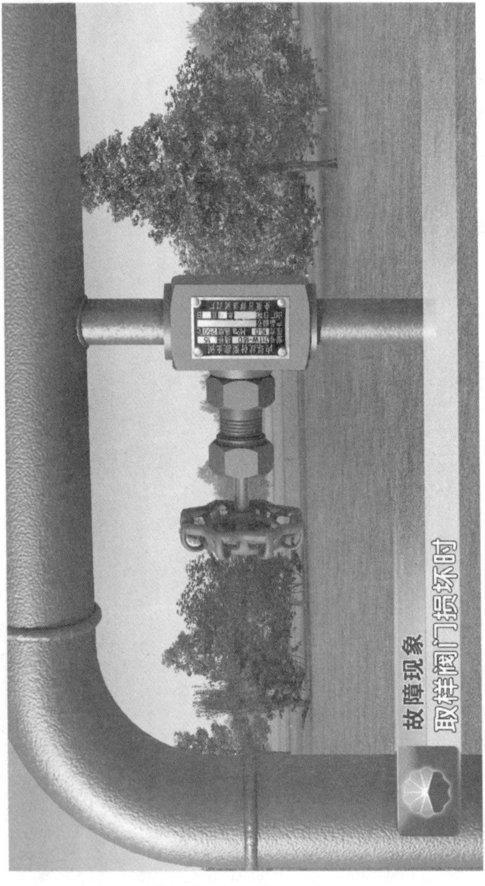
故障现象
取样阀门损坏时

故障现象
会造成阀门打不开或打开后无介质流出，影响资料的录取

故障原因

（1）阀杆与阀杆螺母之间锈蚀，导致取样阀门无法打开。

故障原因
（1）阀杆与阀杆螺母之间锈蚀，导致取样阀门无法打开

（2）阀门压盖格兰与阀杆锈死，导致阀门打不开。

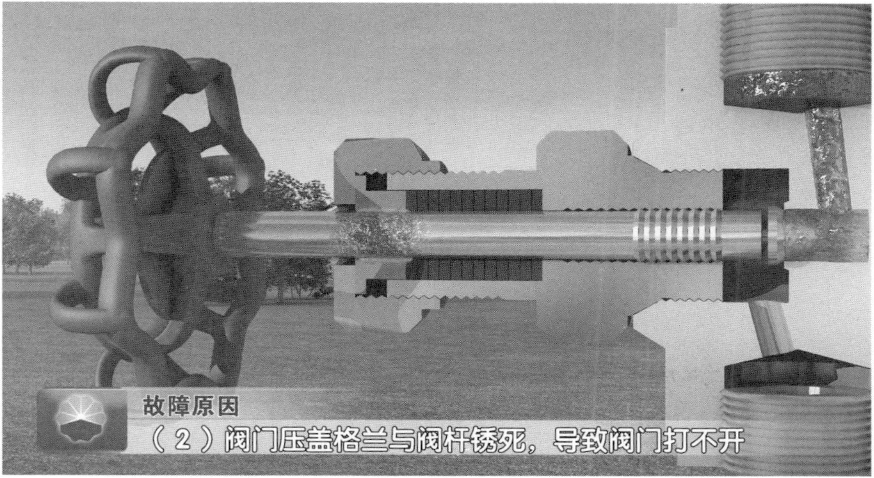
故障原因
（2）阀门压盖格兰与阀杆锈死，导致阀门打不开

（3）开阀门时由于阀杆与阀瓣脱离，导致阀杆移动，阀瓣不动，阀门无介质流出。

故障原因
（3）开阀门时由于阀杆与阀瓣脱离，导致阀杆移动，阀瓣不动，阀门无介质流出

（4）阀门进口堵塞，导致介质无法流出。

故障原因
导致介质无法流出

（5）阀门冻结，导致取样阀门无法打开。

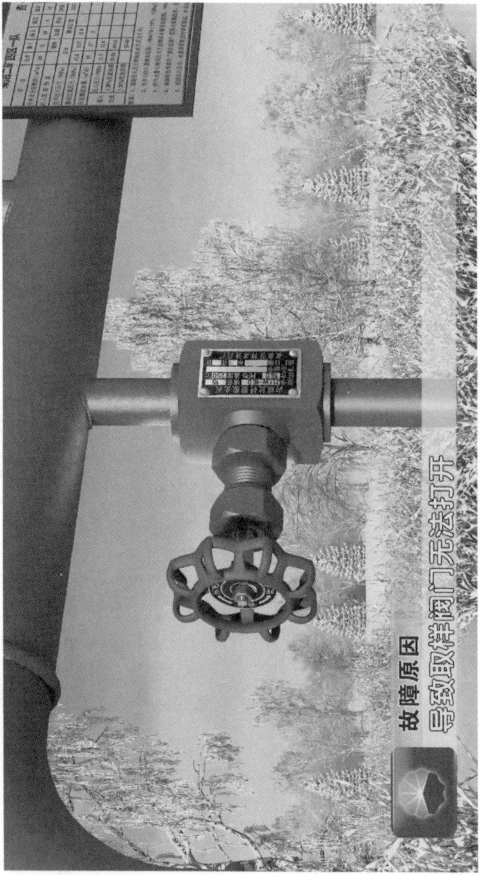
故障原因
导致取样阀门无法打开

处理方法

处理取样阀门故障时，应先进行倒流程，泄压后，方可进行操作。

（1）取样阀门应定期进行维护保养，对于锈蚀、堵塞严重或阀瓣脱落无法修复的阀门应及时进行更换。

处理方法
（1）取样阀门应定期进行维护保养

处理方法
对于锈蚀、堵塞严重或阀瓣脱落无法修复的阀门应及时进行更换

（2）阀门冻结时，用热水对阀门进行解冻。

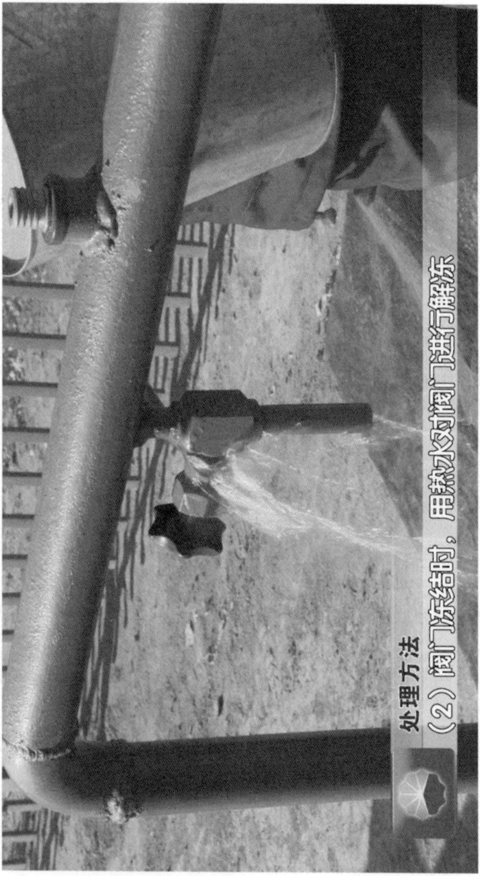
处理方法
（2）阀门冻结时，用热水对阀门进行解冻

试　题

一、选择题（不限单选）

1. 注水井资料录取时，需要通过（　）提取水井管道中介质样品。

A. 取样阀门　　B. 上流阀门

C. 下流阀门　　D. 套管阀门

2. 注水井打开取样阀门时，由于阀杆与阀瓣脱离，导致阀杆移动，（　），阀门无介质流出。

A. 手轮不动　　B. 阀门不动

C. 阀杆螺母不动　　D. 阀瓣不动

3. 注水井（　）损坏时，会造成取水样时阀门打不开或打开后无介质流出，影响资料的录取。

A. 生产阀门　　B. 总阀门

C. 取样阀门　　D. 套管阀门

4. 注水井取样阀门应定期（　），对于锈蚀、堵塞严重或阀瓣脱落无法修复的阀门应及时更换。

A. 开关活动　　B. 维护保养

C. 紧固　　D. 修理

5. 注水井取样阀门（　），导致注水井取样时介质无法流出。

A. 进口堵塞　　B. 出口堵塞

C. 压盖渗漏　　D. 密封圈磨损

二、判断题

1. 注水井取样阀门阀杆与阀瓣脱离、进口堵塞、阀门冻结，都可导致介质无法流出，影响资料录取。（　）

2. 注水井取样阀门冻结时，应先进行倒流程、泄压后，用火烧对阀门进行解冻。（　）

3. 注水井取样阀门阀杆与阀杆螺母之间锈蚀，阀门压盖格兰与阀杆锈死，都可导致取样阀门无法打开。（　）

试题参考答案

一、选择题

题号	1	2	3	4	5
答案	A	D	C	B	A

二、判断题

题号	1	2	3
答案	√	×	√

《注水井生产故障分析与处理》

分册序号	分册书名
1	注水井井口装置渗漏故障及处理
2	注水井水表表芯停走故障及处理
3	注水井管线穿孔故障及处理
4	注水井油压升高故障及处理
5	注水井油压下降故障及处理
6	分层注水井油压、套压平衡故障及处理
7	注水井注水量上升故障及处理
8	注水井注水量下降故障及处理
9	注水井洗井不通故障及处理
10	注水井水表转动异常故障及处理
11	注水井取样阀门打不开故障及处理